岩波科学ライブラリー 240

うれし、たのし、ウミウシ。

中嶋康裕

岩波書店

うれしい、たのしい、ウミウシ。

目次

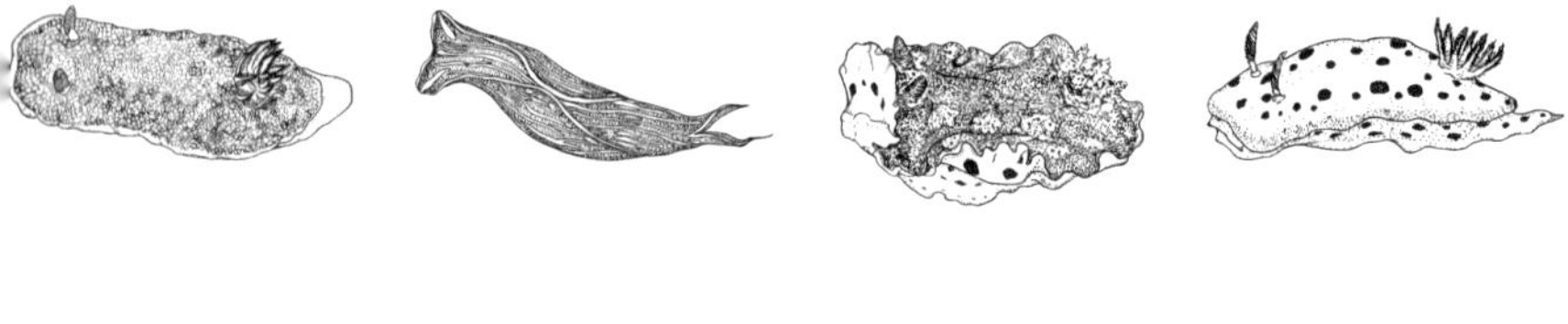

カバー・本文イラスト＝中嶋淑美、Ｒｉｋ

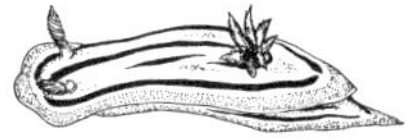
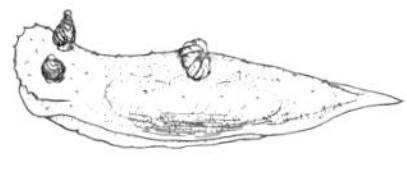

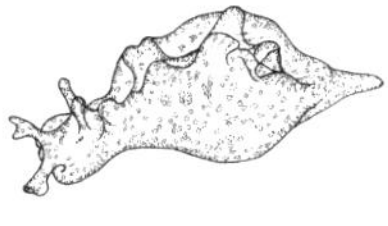

1　使い捨てペニス

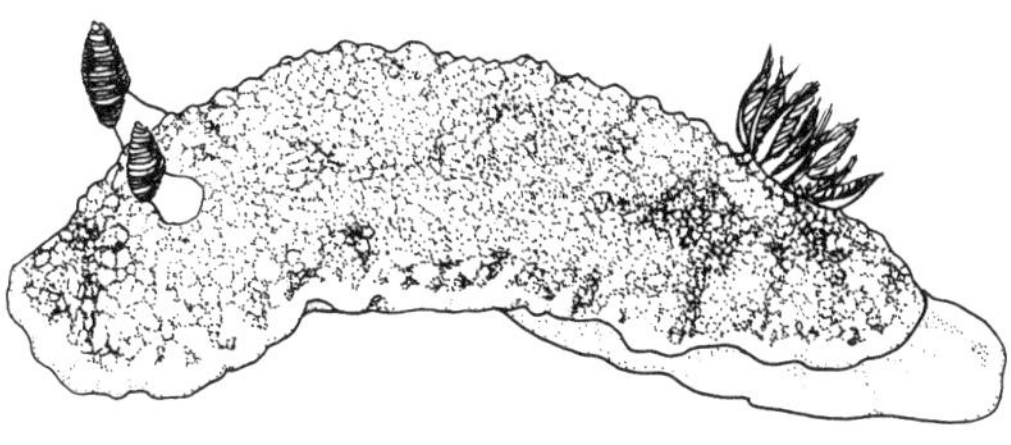

ウミウシの聖地

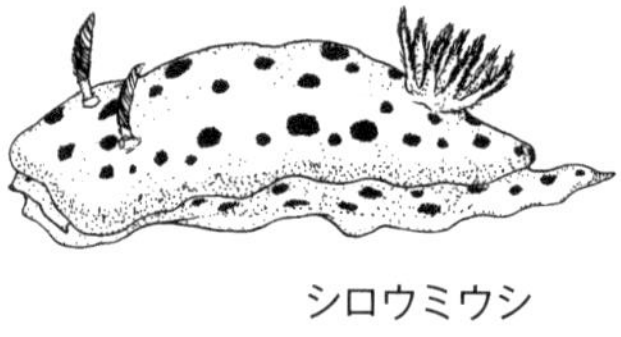

シロウミウシ

二〇一一年七月半ばのよく晴れた日に、卒業研究のテーマにウミウシを選んだ日本大学生物資源科学部の山梨《やまり》津乃《つの》さんや朝比奈研究室の友人たちと一緒に葉山海岸（イラスト）に磯採集に出かけた。関西育ちのぼくは、関東の磯をまったく知らず、どこに行けばウミウシがたくさんいて採集しやすいのかわからないので、山さんが人に聞いたり、あちこち行ったりした結果をもとに、最も有望そうなところに出かけることにしたのだ。キャンパスから二駅の藤沢で待っていると、みんなが車で迎えに来てくれた。そこから江の島の近くを通り、湘南の海岸沿いの道を東に走る。鎌倉を過ぎ、逗子を越えるともうすぐだ。この間、砂浜には海の家が建ち並び、海ではウインドサーファーが疾走している。山側にはゆっくりと走る江ノ電も見えて、実に気持ちがいい。車内の音楽はぼくには少々新しすぎるが、学生たちの好み

の歌を聞くのも悪くない。そうこうしていると、葉山に着いたと教えられた。駐車場から磯に向かって歩いていくと、暑い中を制服姿で警備している人がいた。何とも場違いな気がして、周りをよく見ると建物を囲う塀がある。それで、そこが葉山の御用邸であることにようやく気がついた。

ぼくが初めてウミウシを知ったのは、高校の生物部の顧問でウミウシの分類学者の濱谷巖《いわお》先生に大阪湾の磯に連れて行ってもらったときのことだ。当時は、見つけたウミウシの名前を調べるための図鑑は多くなく、最も多くの種が載っている『相模湾産後鰓《こうさい》類図譜』が聖典のようなものだった。この本は、昭和天皇が採集されたウミウシをもとに、馬場菊太郎博士が解説をつけて生物学御研究所名で出版されたもので、昭和二四年の発行だったから、もう書店には置いていなかった。だから、大阪はキタの古本屋で見つけたときは本当に嬉しかった。後には、海鞘《ほや》類、蟹類、貝類など相模湾の動物の図譜が次々と出版されたが、それら後続の本の図がみごとなのに比べると、先発の後鰓類図譜の図はそれほど巧みではなく、むしろ素朴である。図とは対照的に、それぞれの図についている解説は過剰なほどに詳しく、本を眺めていると、まだ見つけたことのないウミウシの本当の姿はどんなだろうかと想像をかき立てられた。何ともおかしな話ではあるのだが、初めて見つけたウミウシが後鰓類図譜のあの図のウミウシだとわかったときは、謎を解き明かしたかに感じたものだった。

今では、写真がたくさん載ったウミウシのカラー図鑑が何種類も出ているし、ネットで探せば、日本だけでなく海外のウミウシが多数掲載されたサイトがいくつも見つかる。水中撮影が可能なデジタルカメラも手頃な価格で買えるから、それでマクロ撮影した写真を図鑑やネットの写真と見比べれば、見つけたウミウシがどの種にあたるのかおよその見当をつけることは難しくない。

ぼくは、大学院入学後に一年足らずウミウシの配偶行動を研究したところで、研究を中断した。当時は、ウミウシのあののろのろした動きを時間をかけて観察することに耐えられず、もっと動きの速い動物を対象にして研究したくなったのだ。それから三〇年ほどが経ち、歳のせいで動体視力が衰えてくると、あれくらい鈍いのがちょうどよくなって研究を再開した。そして、「空白の三〇年」の間に出版されたウミウシの論文を読み返してみると、分類体系が多少整備されたことを除けば、生き物としてのウミウシの理解がこの間にほとんど進んでいなかったことがすぐにわかった。

ウミウシの特徴は、なんと言っても体色が美しく、しかも種ごとに斑紋が異なっていることだろう。チョウの羽の鮮やかな模様が同種を見分ける信号として使われていたり、熱帯魚では体色が派手なほど異性に好まれたりすることが明らかになっている。しかし、ウミウシは自分たちの斑紋を細かに見分けるほどの視力を備えていない。だから、あの色彩は仲間内に向けられた信号ではなく、食べてしまおうと襲ってくる敵（主に魚）に向けられたものらしい。身を守る貝殻をなくしたウミウシの主な防御手段は化学兵器で、たいてい背中に無機酸や有機酸を蓄えていることがわかっていて、自分たちがまずくて食べられないことを派手にアピールしているのである。けれども、それだけなら揃って黄色と黒で警告しているハチのように、統一的な「ウミウシ模様」があれば充分で、わざわざ種ごとにパタンを変える意味がよくわからない。

ウミウシのもうひとつの大きな特徴は、（ごく一部を除いて）すべてが雌雄同体だということである。ウミウシの親戚にあたる巻貝では雄と雌が分かれているのが多数を占めている。どんな条件があれば雌雄同体になり、どんな条件なら異体になるのかという一般的な法則性を明らかにしたいとぼくは考えているのだが、進化生態学では、「ある性質が淘汰上有利なら、その性質は（ほぼ）必ず進化する」とみなす「適応万能論」を考え方の基本にしている。ここでは実現の道筋を問題にしていないので、ずいぶんと乱暴な考え方に思えるかもしれない。しかし、これに対立する伝統的な考え方は、「ある生物が、今のやり方よりももっと有利に思える別のやり方を採用していないのは、そのやり方を採用したくてもできない経緯（系統的制約）があるからだ」とするもので、それだと合理的な説明がつかない性質が見つかったとしても、「系統的制約があるからなんでしょう」ということで説明を放棄して安易に逃げてしまえる。

ぼくは形態認知力が弱いための苦手意識から、これまで形態学の勉強を避けがちだった。しかし、それではいけないと奮起して、今年の春はウミウシを研究している院生と一緒にウミウシの内部形態の基本的な文献を読むことにした。読む前は、ウミウシは雌雄同体での繁殖によく適応した形態を備えているに違いないと予想していたのだが、そうではなかった。雌雄異体から進化したと考えられている原始的なウミウシでは、自分の精子と卵を外に送る管（輸精管と輸卵管）が一本しかなかったために、強引なやり方で両者を共用して何とか間に合わせているようなのだ（進化したウミウシでは、また別々の管を作り出している）。ここから言えることは、初期のウミウシは無理矢理なやり方を採用してでも雌雄同体になるのが有利だったらしいという適応万能論的解釈が可能であることと、そのあと長い時間をかけて雌雄同体に都合のいい形態を進化させた現在のウミウシが、再び雌雄異体に戻るのはとんでもなくたいへんそうな系統的制約が生じていることで、両者は二者択一で割り切れるものではないのだろう。

高校生のぼくは、見たことのない相模湾とはどんな海で、その聖地に行けばどんなウミウシが見られるのだろうかと夢を巡らせていた。その海で山さんたちが採集したシロウミウシは、他種では見たことがないほど活動的な配偶行動を示し、時には相手を激しく攻撃することもあった。こんなにありふれたウミウシの行動がこれまでよく調べられていなかったことに驚くとともに、見かけの優美さに潜むウミウシの複雑な性質をもっと知りたいという欲求が沸き上がるのを感じた。

（二〇一一年一〇月）

闘うヒラムシ

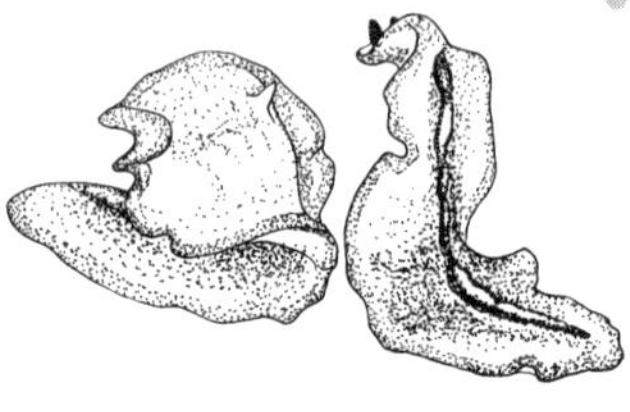
豪州産のヒラムシ

ぼくが初めて研究した動物はウミウシだった。もともと、海にすむ動物に興味があったのだが、中でも磯で見つけたウミウシの色とりどりの鮮やかさが気に入って、どうしてこうも鮮やかな色をしているのか調べてみたくなったのである。

ウミウシは巻貝の仲間であるにもかかわらず、ほとんどあるいはすっかり貝殻をなくしてしまっている。同じく、殻をなくした貝と言えばナメクジがいるが、そちらが不人気なのに比べて、ウミウシはダイバーにも人気があって、最近では図鑑もいろいろと出ている。見かけの華やかさだけで人気が段違いなのはナメクジに気の毒な気もするが、かく言うぼくもナメクジは苦手だ。

さて、ウミウシの体色の意味を突き止めてやるぞ、と意気込んだものの、どうやって調べればいいのかまるで見当がつかなかった。ウミウシなら研究している人が少ないから新参者の研究でも認められるかも、などと下心を持ったのが裏目に出て、まねできそうな先行研究がなかった。仕方がないので、昆虫を研究していた先輩たちのやり方を応用して、ウミウシがどんな刺激を頼りにして同種個体を探り当てているのか、そして、その中で体色はどんな役割を果たしているかを探ってみることにした。

まず、Y迷路と呼ばれる、先が二股に分かれた実験装置を作り、その一方の枝から同種のウミウシのにおいのする海水を流したり、這い跡をつけたりして調べたところ、においにはまったく反応せず、這い跡についた粘液をたどって仲間を見つけることがわかった。では、肝心の色はどうだったかというと、プラスティック粘土で苦心してウミウシの模型を作ったにもかかわらず、何の反応もなかった。後から考えてみれば、ウミウシには同種の体色を見分けられるほどの色覚がないので、これは当然の結果だった。しかも追い討ちをかけるように、ウミウシなどの体色の意味をまとめた専門書が出版された。それによると、多くのウミウシは強い酸や苦みのある毒を持っていて、そのことを補食魚に警告するための色か、そうでなければカイメンなどウミウシの餌となる動物の体色と同じで、隠蔽色になっているということであった。あの鮮やかさは仲間内の信号ではなく、敵に向けられたものだったのだ。この本を読んで、ぼくはすっかりやる気をなくして、エビの研究にテーマを変えてしまった。

体色の鮮やかさ以外に、ウミウシにはもうひとつ大きな特徴がある。それは、雌雄同体だということである。雌雄同体とは、精子と卵を両方作って、同時に雄としても雌としても機能する現象のことである。花を咲かせる植物、ミミズやカタツムリ（ナメクジも）、海にすむ無脊椎動物の多くに加えて、魚の一部がこれにあたる。雌と雄が分かれている動物では、雌雄の間に対立状況が生じるのがふつうだ。けれども、雌雄同体なら雄でもあり雌でもあるのだから、そんな対立は生じないだろう、つまり性の悩みとは無縁ではないかと思いたくなるが、実はそうではない。それどころか、二倍の悩みを抱えてしまう。

雌雄同体と言っても、他個体との間で繁殖活動を行うのが基本で、自分の作った精子と卵を使って子孫を残す自家受精は、どうしても繁殖相手が見つからないときの言わば非常手段である。そもそも、精子と卵は他個体との間で遺伝子を交換しあって多様な子孫を作るための仕組みだから、交換が成立して初めて意味をなす。それが必要ないのなら、わざわざ精子や卵を作らずに、体細胞から子孫を作ればいいのである。そこで、雌雄に分かれている動物と同じように、雌雄同体動物も繁殖相手を探すことになるが、相手は同種個体でありさえすれば、「異性」でなくてもかまわないから、この段階では少しばかり楽ができる。ところが、相手と出会ってからは逆に話が厄介になる。自分の持つ精子で相手の卵に授精することと、相手からもらう精子で自分の卵を受精させることの両方を果たさないといけない。つまり、雌雄が分かれていれば、雄あるいは雌としての課題をこなせばいいだけだが、雌雄同体なら両方の課題をこなさないといけないということなのである。

この雄役と雌役の両方をこなすという課題以外にも、繁殖相手との間で対立が生じることがある。ドイツのニコ・ミシェルズの研究を少し紹介しよう。そのひとつは、「ミミズの綱引き」と呼ばれる現象で、ミミズの繁殖期の夜明け前に草原(実際に研究したのはプレイ開始前のゴルフ場)に行くと、二匹のミミズが穴から地表に出てきて絡み合いながらもぞもぞ動いているのが観察できるという。これはミミズにとってはとんでもなく危険な行為である。陽が昇り始めると、おなかをすかせた小鳥たちの食事時となって、あっという間に餌食になってしまうだろう。そして、たとえ鳥たちの目を逃れても、日光からは逃れられないから、もたもたしていると体表が乾いて死んでしまう。では、どうしてさっさと交尾を済ませて、それぞれの穴に戻らないのだろうか。もちろん、そうしたい。けれども、もっといいのは相手に自分の穴まで来てもらって、穴の中で交尾することで、それが一番の安全策だ。そこで、互いに相手を引っ張り込もうと綱引きすることになる。勝負は大きなほうが勝って、自分の穴近くまで引き寄せてくるのだが、小さなほうも自分の穴から完全に離れてしまうと命取りになるので、そこで必死にがんばり、結局は双方とも地表に乗り出した形で交尾することになる。

もうひとつは、「ヒラムシのペニス・フェンシング」である(ミシェルズは研究もおもしろいが、ネーミングもうまい)。ヒラムシの多くは海にすんでいて、河川にすむプラナリアの親戚である。ウミウシと同じく雌雄同体だが、からだの作りははるかに単純で、ペニスはあるが、特別の交接口は持たない。それではいったいどこに入れればいいのだろうか。それは、皮膚の下ならどこでもいいのである（皮下受精と呼ばれる）。体内に入った精子は、自力で受精嚢に向かっていく。いつもは石の裏などにへばりついているヒラムシだが、繁殖のときには上半身を起こして、からだごと相手にぶつけていく。そうすることで、からだの前方についているペニスを打ち付け、体表を破って精子を送り込むのである。もちろん、相手も同じことをしてくる。学会で見せてもらったビデオでは、それはまさしくフェンシングにたとえたくなる激しいものだった。ときには勢い余ってペニスがからだを突き抜け、相手に穴を開けることさえある。うまく体内に命中したときは、ここぞとばかりに精子を注入するので、白いこぶができる。海産ヒラムシの一部はウミウシばりの美しい体色をしているのだが、そうして何カ所も穴を開けられてぼろぼろになり、いくつもこぶを作った姿を見ると、華麗な外見とは裏腹の激しい動物だと思わざるを得ない。

このヒラムシでは、相手に雌役をやるつもりがあるのかどうかなどまったく無視して、雄役としてひたすら精子を送り込むことができたが、そうはいかずに、どちらの役を演じるかに関して対立が生じる動物もいる。それについては次に述べよう。

（二〇〇五年一〇月）

雌雄同体の葛藤

北米産のツバメガイ

二〇〇五年八月下旬にハンガリーの首都ブダペストで開かれた第二九回国際動物行動学会議に出席してきた。国際動物行動学会議は二年ごとにヨーロッパと非ヨーロッパ圏で交互に開催されていて、前回はブラジル、その前はドイツのテュービンゲンでの開催だった。国際学会に参加することには、自分に関連する研究の新たな進展を学んだり、旧知の友人と情報を交換したりすることに加えて、開催される都市や国の文化を知る楽しみがある。今回も歴史博物館を訪ねて、ハンガリーがずいぶんと歴史の長い国であることを再認識し、ドナウ川越しに見えるライトアップされた宮殿の美しさに感動したが、おいしいハンガリー料理の数々を味わい、ワインをふんだんに飲めたのが一番の収穫だったかもしれない。

国際動物行動学会議には毎回のように参加してポスター発表しているが、今回は一〇年ぶりに口頭発表をした。フロリダ大学のジェイン・ブロックマンとカリフォルニア大学サンタ・クルーズ校のジャネット・レオナードが共同で主催した「性淘汰と一次的な性的特徴」というシンポジウムに呼ばれたからだ。性淘汰というと、からだの色や鳴き声の質、求愛の頻度などといった、二次的な性的特徴がふつう問題とされる。しかし、このシンポジウムは雌雄の生殖器そのものの形態をめぐる性淘汰について議論しようというのが狙いで、カタツムリからミジンコ、昆虫、サルに至るまで八題の口演があった。ブロックマンは座長を務めたものの、シンポジウムでは口演せず、カブトガニの繁殖に関するポスター発表を行って「ベスト・ポスター賞」を受賞していた。

一方レオナードは、最大二〇センチメートルに達するバナナナメクジについて口演した。なんと、このナメクジはサンタ・クルーズ校のスクール・アニマルに選ばれていて、同校のTシャツやトレーナーの胸には、かわいく漫画化されてはいるものの、大きく描かれている。ぼくは友人にもらって喜んで着ているが、はたして在校生にも好評なのだろうか。

レオナードの発表は、次のようなものだった。カリフォルニアにすむ三種のバナナナメクジは見かけ上とてもよく似ていて、分子系統学的な解析を行ってもわずかな違いしかない。ところが、生殖器系の構造には明らかな違いがあって、それが三種を分ける分類学上の鍵となっている。また、三種の配偶行動もそれぞれに大きく異なっている。この発見自体はそれほど驚くべきことではない。生殖器の構造が複雑で種ごとの違いが大きい場合は性淘汰が強く働いている、というのは既に言われてきたことだ。けれども、この結論に至るまでの話は驚きだった。三種のうちの一種は二四時間以上に渡って延々と交接を続けるのだが、その後に交接相手のペニスを食いちぎってしまうというのだ。実はこれまで、このナメクジにはペニスの有無しか違いのないきわめて類似した近縁種がいて、九割近くはないほうの種とされていたのだが、それは異なる種ではなく、交尾前か後かの違いだったのである。食いちぎられた個体は、ペニスが再生するまではもちろん雄として機能できなくなる。

レオナードは、以前からナメクジの研究をしていたのではなかった。かつてはウミウシを対象にして、同時雌雄同体動物の性役割について研究していた。雄と雌に分かれた「ふつうの」動物は、それぞれの個体は雄か雌かどちらか一方だけを演じていればいいのだが、雌雄同体の動物は雄役と雌役の両方を演じることが必要になる。このとき、どちらの役割も同じように好まれているわけではない。雌役としては自分の作った卵を受精させるだけの精子が得られれば交尾は一度で十分だが、雄役としては交尾の機会があればあるほど自分の子を多く残すことができる。逆に雄役の機会を逃せば、せっかく準備した精子を使うことなくムダにしてしまう。そこで、雌雄同体といっても、雄役を好むだろうというのが基本原理で、先に紹介したペニス・フェンシングをするヒラムシはその一例となる。ところが、この好みが逆転する場合がある。それは、もらった精子を栄養源に転用できる場合で、それなら精子はもらい得になるから、何度でも雌役として交尾しようとするだろう。レオナードは、ウミウシはまさしくそれにあたり、互いに損しないように精子を取引し合っているという説を立て、北米産のツバメガイの一種でそのことを実証してみせた。ぼくは、この説には何となく納得しがたいものを感じていたものの、反論する研究にはなかなか着手できないでいた。

三年ほど前に、その機会は突然やってきた。琉球大学生の徳里政一《とくざとまさかず》君が「ウミウシの研究をやりたい」と言ってきたのである。沖縄ではどんなウミウシがいつごろどれくらい現れるのか、種の区別点は何かなどを卒論で押さえた後、大学院ではいよいよレオナードの仮説に挑むことになった。実はレオナードが扱ったのはウミウシといってもちょっと変わった仲間(頭楯類《とうじゅん》)に属していて、交接のやり方も違っている。アメフラシなどと同じく二匹が前後に並んで、前が雌役、後ろが雄役となる。一方、裸鰓類《らさい》に属するふつうのウミウシは二匹が左右に並んで、ともに雄役と雌役を同時にこなす。両者はからだの右側にある太くて短い交接器をぴったり接して交接するので、中で何が起こっているのかわからない。だから、雄役と雌役のどちらを好んでいるかの判定は、何らかの実験的な工夫をしない限り難しい。けれども、あえて裸鰓類のウミウシを調べてみたところ、サラサウミウシなら、交接器の先端から細長くて透明なペニスをさらに伸ばすので、実体顕微鏡の下で精子の流れを見ることができるとわかった。そのペニスを切ってみると、雄役ができなくなったサラサウミウシは交接を拒否した。つまり、雄役ができなければ雌役もやらないというわけで、このウミウシが雄役を好むことを示している。驚いたことにペニスはわずか一日で再生して、翌日にはちゃんと交接した。どうして、こんなにも早く再生できるのか。その理由は、実験を引き継いだ関さと子さんによって明かされた。わざわざ切らなくても、ペニスは交接後一時間ほどで勝手に切り落とされてしまうのだ。サラサウミウシのペニスはもともと「使い捨て」だったのである。

口演を終えると、自説を否定されたにもかかわらずレオナードは喜んで、「すごくおもしろい話だった。今度は一緒に「ペニスの使い方」というシンポジウムをやりましょう」と言ってくれたのだが、内容はともかく、はたしてそのタイトルで大丈夫なのか少し心配だ。

（二〇〇五年一二月）

使い捨てペニスとその補充

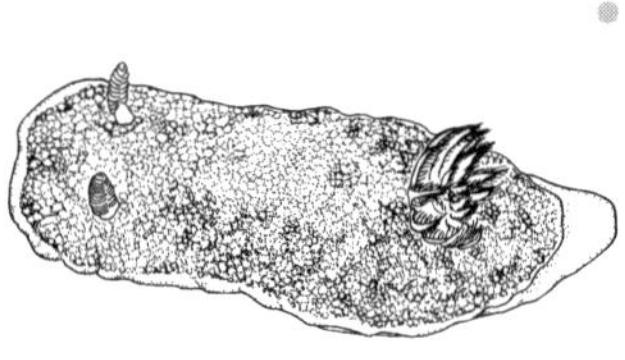

チリメンウミウシ

前回、ウミウシの「使い捨てペニス」のことを紹介した。毎回の交尾ごとにペニスを使い捨てにして、しかも一日経つとまた交尾できるウミウシがいることを見つけたのである。この話を紹介した二〇〇五年には、もう少し詳しく調べればすぐにでも論文にできるだろうと思っていた。しかし、それは大きな見込み違いで、ようやく論文が発表されたのは今年(二〇一三年)になってからのことだった。

最初にぼくの誤解を指摘したのは、大学時代からの友人である京都大学の沼田英治《ひではる》さんだった。当時は大阪市立大学にいた沼田さんに、得意になってこの話をしたところ、「自切したペニスはわずか一日で再生すると言うけど、どうやって再生するの? いくら糸のようなペニスだと言っても、それを一日で作れるほどの速さで細胞分裂できる生物なんてきっといないよ」と言われたのである。言われてみれば、確かにそのとおりだ。「再生」が間に合わないとすれば、「次のペニス」が体内に予め用意されているはずだ。しかも、ウミウシは二日だけでなく、三日続けて交尾することもできた。つまり少なくとも二回分は予備を持っていることになるが、それはいったいどこにどうやって収納しているのだろうか。この問題を解決できなくても、「ペニスを自切する動物を見つけました」という論文を書くことはできるだろう。けれども、それでは「変わったところを自切する動物がいるものだね」ということで終わってしまう。自切することが適応上有利になっているのだとすれば、自切しても困らない仕組みも進化しているに違いない。その仕組みを示して初めて、自切する理由の説明も説得力をもつ。これがもし、誰もが知っている動物のことだったり、あるいは無名の動物でも人間にとって何か意味を持っている現象だったりすれば、ぼくが解明しなくても、きっと誰かがやってくれるに違いない。でも、ウミウシのことなんて続きを調べようと思う人はいないだろう。ストーリーを完結させるには自分たちでやるしかない。

ペニスの自切を発見した関さと子さんがCOE研究員の任期を終えて琉球大学瀬底《せそこ》実験所を去ったのとちょうど入れ替わりで、日本大学生物資源科学部の学部生だった関澤彩眞《あやみ》さんがやってきた。関澤さんはナマコやウミウシのようにぐにゃぐにゃした動物を研究したいと思っていたという、少し変わった嗜好の持ち主だった。そういう学生はめったに現れないから、ぼくとしてもとっておきのテーマを出したのだが、それにはDNAの分析技術が必要だったので、大学院に進学してから取り組むことにして、その前に「次のペニス問題」を先に片付けようということにした。生物資源科学部で関澤さんを指導していた朝比奈潔さんは魚の生理学や形態学の専門家で、その経験から「次のペニス」は蛇腹状に圧縮されているのではないかと予想した。朝比奈さんはタナゴという魚にそういう構造があることを知っていた。形態学に疎いぼくは、ペニスは言わば数珠つなぎにつながっているのだろうと思い込んでいたので、この発想は新鮮だった。そこで、ウミウシにも蛇腹構造がないかと探したのだが、当時の関澤さんは解剖にも標本の処理にも慣れていなかったこともあって、きれいな組織標本を作ることができず、在学中に見つけることはとうとうできなかった。ウミウシの解剖は意外に難しく、そのままではからだが柔らかすぎるし、下手に固定すると組織の柔軟性がまったく損なわれて、狙った場所をうまく切り出せなくなるのだ。

関澤さんが大阪市立大学の大学院に進学して志賀向子《さきこ》さんに指導を受けるようになってからも、しばらくは進展のない状態が続いたが、二年目の夏についに転機が訪れた。ペニスがコイル状に巻かれているのを発見したのである。朝比奈さんが予想した蛇腹構造とは少し違っていたが、コンパクトに畳み込まれている点では同じ効果をもつ。ウミウシが体内の空間を節約して使う工夫はそれにとどまらなかった。コイル状に巻かれたペニスの細胞は横長だが、次の交尾で使われる一番外側の部分だけは縦長になって全体として伸長している。細胞構造をこのように変化させて、いつでも使えるように準備するのに約一日かかり、その間は交尾できないということなのだろう。

では、ウミウシはペニスを自切して何かいいことがあるのだろうか。実体顕微鏡で観察すると、このウミウシのペニスの表面には細かな逆棘《さかとげ》がびっしりと生えていて、交尾後のペニスにはたくさんの精子が絡まっているのが見られた。どうやら、先に交尾していたウミウシが相手の体内の受精嚢に残した精子を、逆棘を使って掻き出しているのだろうと思われた。カワトンボの仲間をはじめ、他人の精子を掻き出す昆虫はいくつか知られていたが、ウミウシではもちろん初めての例である。厳密には、トンボはペニスではなく特別な装置（付属器）を使って精子を掻き出しているのに対して、ウミウシはペニス自体を使っている点が異なっている。そして、逆棘は体外に出すときには何も問題がないが、使ったあとで体内に入れるときには棘が引っかかって収納が難しくなる。一部の救命胴衣や車のエアバッグが使用後の再利用を考えずに作られているのと同じく、逆棘付きのペニスも使い捨てにするしかなくなったのだろう。

「ウミウシの使い捨てペニスとその補充」という話はこれでようやく一応の完結となって、論文はBiology Lettersという学術雑誌への掲載が決まり、編集部からはメディアへの紹介方法についての細かい約束事が指示されてきた。論文のタイトルをちょっと工夫したから、それで興味を持って紹介してくれるメディアもいくつかあるのかなと思っていたところ、解禁日を過ぎたとたんにたいへんな数の質問メールが送られてきた。最初はNational Geographic や Discovery Channel といった有名メディアの科学サイトに載せるための記事だったので丁寧に対応していたが、そのうち科学系でないメディアが孫引きするようになって、ついには海外のビデオニュースで紹介されている様子（イラスト）までネットに流れるようになった。関澤さんは卒業パーティーで会った留学生に「トルコ語のサイトで見たよ」と言われたそうで、どこでどんな風に紹介されているのかと思うと恐ろしい。

　ところで、研究をはじめた頃は、研究対象にしているのはサラサウミウシだと思っていたが、実はチリメンウミウシだとわかった。ウミウシの分類の第一人者である、オーストラリア博物館のW・B・ラドマンさんが両者の内部形態に違いがないから同種だろうとホームページに書いているのを鵜呑みにしていたのだが、きっちり調べてみると、両者は形態だけでなくさまざまな点で違いがあることがわかったのである。論文への質問メールを送ってきた科学ジャーナリストの中には気の利いたコメントをつけてくれる人もいて、その一人は「これでみなさんはチリメンウミウシを一躍有名にしたね」と書いていた。でも、有名になり損ねたサラサウミウシには気の毒だったかもしれない。

（二〇一三年六月）

2 雌と雄の対立

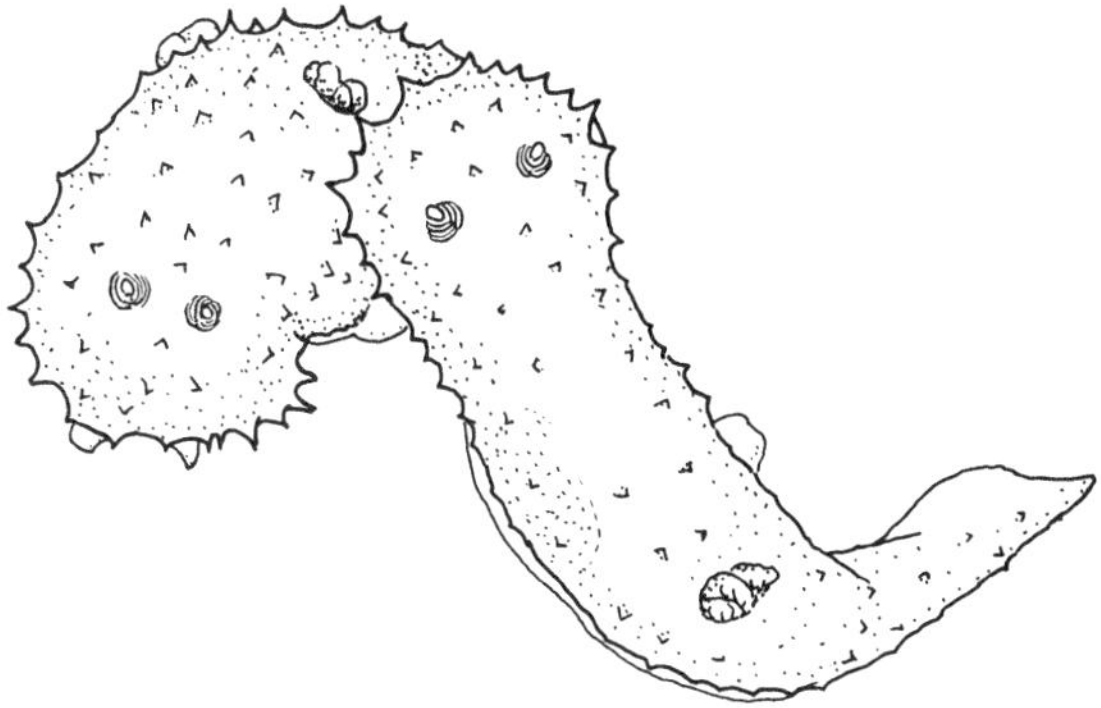

子育てのコスト

キウイ

東京で暮らしていると、人の多さに驚かされることがよくある。朝のラッシュ時に駅近くの小さな交差点で立ち止まると、次々に押し寄せる人の波に後ろから押し出されて、赤信号を無視して渡らざるを得なくなる。駅に着けば、先発電車はおろか次発待ちの列にも入れず、上り階段の途中に並んで、ホームの人たちが捌けるのを待つことさえある。都会にはこれほど人があふれているにもかかわらず、人口が減るのはよくないことらしく、少子化に歯止めをかけようといろいろな対策が講じられている。

ところで、誰に言われたわけでもないのに、自然と少子化するというのは、生物学的に考えてみればなんだかおかしなことだ。

かつて、「動物には、集団内の数が増え過ぎると自然と減っていくような個体数調節の仕組みが備わっている」と漠然と考えられていたことがあった。このことをはっきりした形で表そうとしたのが、イギリス出身の動物行動学者V・C・ウィン＝エドワーズで、一九六二年に『動物の分散と社会行動（Animal Dispersion in Relation to Social Behavior）』という本を書いて、「集団全体の繁栄を考えて、（自分の子の数を制限するなどして）利他的に行動する個体がいる群れは、利己的な個体ばかりの群れよりも有利になる」とする「群淘汰」の概念を提案した。

この考えには多くの生物学者が登場して賛否両論を主張し、大論争が巻き起こった。たとえば、動物行動学の礎を築いた一人であるK・ローレンツは賛成であったが、数理生物学者のJ・メイナード＝スミスなど反対する人も多かった。中でも決定的だったのが、鳥類学者のD・ラックの長年の野外研究結果で、それぞれの鳥は他の鳥のことなど考慮せずに、与えられた環境で自分の子が最も多く生き残れる数の卵を産んでいることを示した。つまり、自然界には、巨大な卵をわずかひとつだけ産むキウイのような鳥もいれば、一度に数千もの卵を産むサケのような魚もいるが、みな他人のことなどお構いなしに、それぞれ自分の子ができるだけたくさん生き残れるように産卵しているということなのである。ある年の環境条件が厳しければ産む数は例年よりも減るかもしれないが、それは「自分が産み過ぎたら、みな困るだろう」ということではなく、餌不足で自分自身が充分多くの卵を作れなかったり、あるいは自分の子をあまり多くは育てられないだろうという判断がはたらいたりしたためなのである。逆に環境条件が良くなれば、それに応じて産む卵を増やすことになる。今では、群淘汰は極めて特殊な閉鎖的な環境でしかはたらかないことがわかっていて、「生き残る子の数を最大化している」というのが、進化についての基本的な原則であると理解されている。

この原則はヒトについてももちろん当てはまり、長い進化の歴史を通じて、ヒトはできるだけ多くの子を残そうと努力してきた。その結果、たとえば農業の成立によって食料条件が画期的に改善されると、それに応じて人口も飛躍的に増加した。しかし、現代の生活条件は農業成立のころとは比べ物にならないほど向上しているから、原則に従えば、子の数は著しい増加を示すはずなのに、実際にはそうはならず、地球規模で見て経済的に発展した地域ほど子の数が少ない傾向がある。一人の女性が生涯に産む子の数の平均値を指す合計特殊出生率は、ヨーロッパ、北アメリカなどの先進国に加えて、東アジア、南アメリカや北アフリカの一部でも2を下回っている。日本は1・4くらいで最も低い国のひとつだが、韓国やポーランドなどさらに低い国もある。生まれてくる男女の比率や出産年齢より前に死亡する女性の数などを考慮すると、2・08くらいで人口の均衡が保たれるとされているから、地球上の多くの地域で少子化が進んで人口が減少傾向になっているのはまちがいない。

では、ヒトはどこで生物学の原則を外れ、それはなぜなのだろうか？　ロンドン大学人類学部のR・メイスは、この問いにひとつの答えを見いだした。簡単に言うと、それは「発展した現代社会では、子を育て上げるコストが膨大になったために、両親は一人以上の子を育てられなくなっている」というものである。たいていの親は、自分の子どもたちには自分が享受しているのと同じか、できればそれ以上の暮らしができるようにしてやりたいと望むものだろう。学校教育も、高校よりも大学、大学よりも大学院などとなると、投資期間はどんどん長くなる。学校教育に加えて、習い事もさせたいし、いろいろなものも買ってやりたいとなると、子が成人するまでの投資額は膨大になる。そうなると、子が一人ならなんとかなっても、二人、三人はとても賄えないから諦めようとなるだろう。逆に、極めて貧しい社会では、子がどうにか成長できるだけの食料を与える以上の投資は考えられず、子は小さいうちから労働力（稼ぎ手）として期待できるから、子の数を増やすことに躊躇は少ないだろう。

メイスは、ケニア、エチオピア、イギリスなどでの現地調査によって、このことをさまざまな角度から検証している。ケニアでは、地域全体として比較すると、富裕層は子が少なく、貧困層では子が多い傾向が見られたが、各階層内で比べてみると、その階層で比較的豊かな人ほど子が多かった。たとえばラクダ飼いの人たちだけで比べると、豊かな男性ほど子が多く、兄が多くいる男性ほど（受け継ぐ財産が少なくて）子の数が少なくなっていた。また、エチオピアのアジスアベバ近郊の都市では、女性が第一子を出産する年齢が年々高くなり、ついにはまったく子を持たない女性も増えてきているが、収入が多い女性ほど子の数が多く、貧しい女性では子を持たない人の割合が高い。さらに、イギリスのエイヴォン州での長期的な調査結果では、子の身長は第一子が高く、下の子ほど低い、収入の多い親ほど子への投資額が多い、子の数が多くなると一人あたりの投資額は少なくなる、子の数が多いと平均して学業成績は低くなる、などが明らかになり、「現代社会では、子の数が少ないのは適応的と言える」と結論している。さらに、「社会のシステムとしておばあさんが娘の子育てを手伝いにくいことで、娘が第二子を出産しにくくなっている」ことや、「税金という形で老人に多く投資する結果、子への投資額が不足していると見ることもできる」ことも指摘している。一方、こうした子へのコストの増大という要因以外に、現代社会で子に対する関心が低くなっているという文化的な要因についてももちろん考慮するべきであるとしている。

メイスの見方が正しいとすれば、少子化は本質的な傾向で、歯止めをかけることは極めて難しい。けれども、人が多くなれば地球上の有限な資源をそれだけ消費することを考えれば、少子化でも維持可能な経済システムを構築することを考えた方がむしろいいのではないだろうか。

（二〇〇九年六月）

雌でもあり、雄でもあり

コールマンウミウシ

ぼくたちの身近にいる動物は、ペットであれ野生動物であれ、雄と雌がはっきり分かれているのがふつうである。だから、自然な現象として性を変える動物たちは、なんだか奇妙な存在であるかに感じる。けれども、性転換中は雄とも雌ともつかない不思議な状態にあるといっても、そういう期間は長くは続かず、一生の間のほとんどの時間は「ふつうの」雄ない し雌として過ごしているわけだから、その意味ではぼくたちになじみの雄と雌に分かれた動物と大差はないとも言える。

それよりももっと理解しがたく感じるのは、常に雄でもあり雌でもあるという同時雌雄同体の動物だろう。性転換する動物があまり身近でないのに対して、雌雄同体の動物にはぼくたちがよく知っているものもけっこういる。たとえば、ミミズやカタツムリの多くがそれに

当たる。海の中にいる動物だと、ぼくが研究しているウミウシを始め、ゴカイやサンゴなどたくさんいる。そして、植物に目を向ければ、それぞれの花はたいていおしべとめしべを備えているのだから、これはもう雌雄同体こそが当たり前の世界ということになる。花を咲かせる植物で、それぞれの花が雄と雌に分かれているのはキュウリやホウレンソウ、トウモロコシなどむしろかなり少数派で、花粉をつけるおしべを持つ花を雄花《おばな》、胚珠《はいしゅ》を含むめしべを持つ花を雌花《めばな》と呼んで区別している。つまり、生物界全体を見渡せば雌雄同体というのはごくありふれた現象なのだけれど、ただ昆虫と脊椎動物では少数派だというだけのことなのだ。

では、動物はいったいどんなときに雌雄同体になるのだろうか。「移動速度が遅かったり生息密度が低かったりして、なかなか配偶相手を見つけられないとき」に雌雄同体になるというのが直感的に最もわかりやすく、古くから知られている説明だろう。雄と雌に分かれていると、同種の仲間にようやく巡り会えたとしても相手が同性なら繁殖できないけれど、雌雄同体なら同じ種の仲間でありさえすれば必ず繁殖できるので都合がいいというわけである。すばやく動けるうえ、配偶相手を見つける感覚器も優れている脊椎動物では、個体数が少ないとされる深海魚に雌雄同体が多く知られている理由もこれならよくわかる。それにひきかえ、ミミズだのカタツムリだのはなんとものろのろしていて、配偶相手を見つけるのにいかにも骨を折っていそうである。

ぼくも長らくこの説明で納得していたのだが、よく考えてみるとなんだかおかしいことに気がついた。雨ですみかが水没したミミズが空気を求めて地表に這い出し、帰れなくなって雨上がりに干涸《ひから》びているのはよく見かける。庭の植木鉢の底には乾燥を避けてカタツムリがたくさん隠れていることがある。彼らは確かにのろのろしてはいるが、あれだけの数がいれば配偶相手を見つけるのに困ることはないように思える。

さらに、もっと説明のつかない動物もいる。カリブ海産のヒメコダイ科の魚ハムレットは雌雄同体で、スキューバ・ダイビングで潜水観察ができる程度の浅い海にすんでいる。ハムレットは、昼間は大きな群れをなして暮らしているが、毎日夕方が近づくと互いに気に入った相手を見つけて、繁殖のために群れを離れる。この「互いに気に入った」というのがなかなか難しくて、要は自分と同じくらい多くの卵を持っている相手を選ぶということなのだ。どれくらいの量の卵を持っているかは、卵が詰まった腹を互いに反っくり返って見せあって、その大きさを値踏みすることで判定している。そして、ようやく理想の相手を見つけたとしても、それだけでは終わらない。いざ卵と精子を出し合うときになって、自分が卵を出したのに相手は出さずに精子だけ出し逃げされると、雌役は果たせたものの雄役はまだやっていないことになる。そこから別の相手を探そうとしても、卵を出した後のしぼんだ腹ではペアになってくれる相手はいない。そこで、互いにそんな失態を避けるために、持ち合わせの卵を一気に放出するのではなく、数度に分けて少しずつ小出しにするという繁殖方法が発達している。これだけ念入りに相手を選び、複雑な繁殖戦術を持つハムレットが、繁殖相手を確保する上で都合がいいという理由で雌雄同体になったとはとても思えない。何かもっともな理由がほかにあるに違いない。

雌雄同体の進化を説明する説は他にもいくつか提唱されている。そのひとつは、リンゴの木のようなものを想定した、局所的資源競争と呼ばれる説である。もしリンゴの木が雌雄に分かれていたとすると、雌木の下にはたくさんの実が落ちて、そこからはたくさんの実生《みしょう》が芽生えるが、それらはすべて自分の子なので、光や水や土といった資源を身内どうしで争い合うことになる。一方、花粉を飛ばせば、どこか遠いところで実を結ばせて身内の争いにならずにすむ。だから、雌花ばかりを作るよりは雌雄同体の方が有利になるだろう。別のひとつは、局所的配偶競争と呼ばれる説で、フジツボのようなものを想定している。フジツボは岩に固着して暮らしているが、エビやカニの遠縁にあたる動物なので、繁殖の方法もエビなどと同じで、精子や卵を海中にばらまくのではなくペニスを伸ばして交尾する。ペニスはからだの割にはずいぶんと長いもので、仲間のフジツボは周囲にぎっしりとくっついているが、それでも届く範囲にいる数はたかがしれている。つまり、雄として受精させられる相手の数は限られていて、精子ばかりたくさん作っても使いようがない。そこで、雌雄同体として卵も作った方が有利になるだろう。

局所的資源競争も局所的配偶競争もうまい説明ではあるが、自由にすばやく動き回れるハムレットに当てはまるとは思えない。しかし、実はそうではなかったのだ。この二つの説は、要するに雄または雌のどちらか一方の機能に集中的に投資しても見返りが頭打ちになるから、雄と雌の両方に投資したほうがいい、というものである。まだ雄と雌に分かれていた時代のハムレットの雌も、今のハムレットと同じく求愛にたっぷりと時間をかけて相手を選り好みし、日が暮れて暗くなる直前になってようやく産卵していたとする。すると、授精を終えた雄が次の繁殖相手を探しに行こうにも暗くてとても無理な状況になっていて、一日に繁殖できるのは一回だけということになる。つまり、雄としてがんばろうにもがんばれない。それなら、雄だけやっているよりも卵も作った方がいいということでハムレットは雌雄同体になったのではないだろうか。

この「性機能頭打ち説」はシンプルで適用範囲の広いすばらしい説明だと思うのだが、広島大学の梯《かけはし》正行さんと三重大学の原田泰志《やすし》さんが京都大学の院生時代に書いた、この説の元となる論文があまり知られていないのは残念なことである。

（二〇一〇年四月）

媚薬は恐い

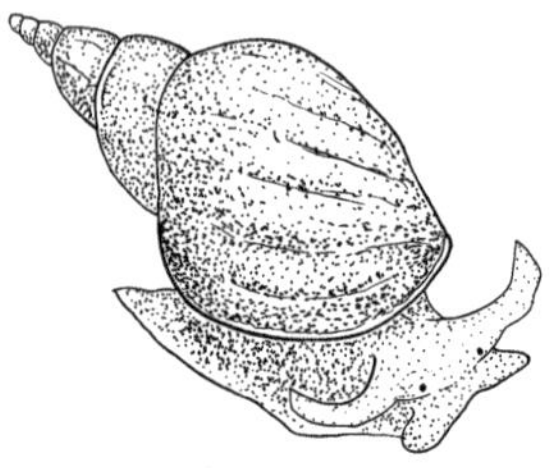
ヨーロッパモノアラガイ

生物学では、生理学や生態学などの学問分科別の学会のほかに、哺乳類や鳥類、魚類といった研究対象とする分類群別の学会が組織されていることがよくある。それぞれの学会ごとに多少の違いはあるものの、総じてこうした分類群別の学会では分類学や系統学がメインとなっていて、ぼくはそれにはあまり興味がないので、分類群別の学会にはめったに出たことがない。けれども、今回は珍しくタイまで出かけて、世界軟体動物学会議というものに参加した。軟体動物とは要するに貝の仲間のことで、イカやタコ、ナメクジ、それにぼくが研究しているウミウシなど、貝殻は持たないけれど、これに属する動物もいる。参加した主な理由は二つで、大学院時代の後輩で、タイから留学に来ていたソムサクさんがこの学会の会長兼大会委員長を務めることになって熱心に誘われたのと、ウミウシに関するシンポジウムが開かれることになっていたからである。いつもの学会なら少数派の中の少数派であるウミウシの研究発表でひとつのシンポジウムを構成できるなんて、さすがは軟体動物だけの会議ならではだ。

会場となったのは、タイ南部のプーケット島の中心地であるプーケット・タウンにある立派なホテルだった。会議を開催する条件が最もよかったために選ばれたのだそうで、一カ月ほど前には第二回アジア太平洋サンゴ礁会議も開かれていた。プーケット島は大きな島で、その西海岸には有名なリゾート地がいくつも連なっているが、島民の生活の中心であるこの街には観光客の姿は少なく、ホテルでも英語がよく通じなかった。おそらく、英語ができる人たちはリゾートに勤めに行ってしまっているのだろう。こぎれいなレストランやそれなりに大きなショッピングセンターもあったが、インフラの整備はきわめて遅れていて、道路はガタガタ、でこぼこだらけで、バリアフリーのまさに逆、小川は完全にドブと化していた。近代的なホテルとのこの落差は、ぼくの子供の頃、昭和三〇年代の日本を彷彿とさせる。そう言えば、あの頃の日本も英語はまるで通じなかったに違いない。

今回で第一七回大会となるこの学会は、ヨーロッパと非ヨーロッパ圏で交互に開催される。この学会がヨーロッパを発祥とすることの影響は今でも色濃く表れていて、今回の参加者三三四名のうち、ヨーロッパからが四割を占め、ついでアジアが二八%、南北アメリカを合わせて二〇%となっていた。また、応用研究は比較的少なく、純理学的な研究が中心になっている。今回の大会はアジアで初めての開催だったのだが、準備にはずいぶん力が入っていて、会場の入口には二種類のカタツムリの大きな模型（イラスト）がジオラマをバックに置かれていたり、ポスター発表のタイトル表示や口頭発表の間を繋ぐスライドに独自のデザインのものが用意されていたりした。組織委員会にはバンコクのチュラロンコン大学美術学部のスタッフも加わっていたから、その人たちが作ってくれたのだろう。

さて、研究発表だが、お目当てだったウミウシの発表はずいぶんたくさんあって、世界にはウミウシの研究者がこんなにも大勢いるのかと驚いた。しかも、二カ月足らず後には、ウミウシだけの国際研究会がスペインで開かれるのだそうだ。ウミウシの発表の大半は分類の話だったが、カタツムリやナメクジの研究にはおもしろいものが多く、どうやら、そのあたりが貝類学の最前線なのだろう。

たとえば、オランダのケーヌさんたちは淡水産の巻貝であるヨーロッパモノアラガイの繁殖を調べた。ヨーロッパモノアラガイは同時雌雄同体で、日本のモノアラガイよりもずいぶん大きく、生物学の実験材料としてよく使われている。繁殖相手を毎回変えて何度も連続して交尾させたり、同じ相手と繰り返し交尾させたりした後だと、その後の産卵数が下がることから、ケーヌさんたちはこの貝が雄として交尾行動を行うことで自分の卵数が減るのか、あるいは精液中に交尾相手の繁殖行動に影響する物質が何か含まれているのだろうと考えた。そこで、両者の効果をうまく分離して解析するために、注射器を用いて抜き取った精液と、その精液から精子だけを分離したものを、それぞれチューブを使って相手の受精囊に入れてみた。こうすると、相手の雄としての交尾経験には影響しないので、注入した精液の効果だけがわかる。結果は、精子だけを入れた場合は受精率が下がり、精液ごと入れた場合には相手の産卵開始が遅れて産卵数は減少したが、一個あたりの卵重量は重くなった。精液中には一〇種類ほどのペプチドが含まれていたが、その中のオビポスタチンと呼ばれるものが相手の産卵を遅らせる効果を持つとわかった。精液を入れられた貝は、その後の交尾では相手に渡す精子数が減少していて、精子生産に使う資源を卵生産に回しているようだった。雌雄が分かれている動物では、雄の精液中の物質が雌の繁殖行動に影響することがよく知られているが、雌雄同体の動物では、交尾相手の雌としての行動に影響を及ぼすだけでなく、(精子生産を抑えて)雄としての競争力を低下させる効果も持つことがわかった。

　精液や付属腺分泌物の効果はさまざまな動物で調べられているが、いつも明瞭な結果が得られているわけではない。ドイツ・ゼンケンベルク博物館のライゼさんたちは、やはり雌雄同体のヨーロッパ産のノハラナメクジの一種の繁殖行動を調べて、一～二時間も求愛してから約四分間交尾した後、かなり大型の付属腺(陰茎腺)から分泌液を出して、交尾相手にこすりつけることを見つけた。この分泌液は「この相手とは既に交尾済み」ということを示す目印で、一度交尾した相手と何度も交尾してしまうことを防いでいるのではないかと考えて実験してみたところ、このナメクジが既に交尾したことのある相手を避ける傾向は見られず、初めての相手と同じように交尾した。そこで今度は、分泌液は「逆媚薬」的なはたらきをしていて、それをつけられると交尾行動が抑えられて、その結果、卵生産が盛んになるのだろうという仮説を立てた。ところが、またもや仮説は外れて、分泌液をつけられたナメクジが再交尾するまでに要した時間は、つけられていないものと変わりなかった。ライゼさんたちは、「分泌液をつけられると、もらった精子を受精に使わずに消化してしまうことが少なくなる」とか、「交尾後に早く産卵するようになる」など、さらにいくつかの仮説を用意しているようだが、残念ながらまだどれも実証されてはいない。

貝の世界にも謎は多く、世界のあちこちで、その謎に取り組んでいる人たちがいた。三年後の次回大会は、はるか大西洋に浮かぶポルトガル・アゾレス諸島での開催とのことだった。ずいぶんと遠いところではあるが、この学会の「本拠地」での研究発表がどんなものなのか一度見てみたくなった。

（二〇一〇年一〇月）

共食いの謎

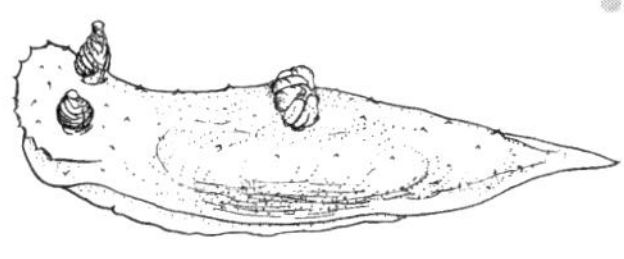

キヌハダモドキ

ぼくが学生の頃は、生態学が取り扱うべき主な課題と言えば、食う-食われるの関係の把握とか、動植物の個体数の変動要因の解明とか、群集構造の理解といったこととされていた。けれども、ぼくはそうした生態学の王道的な課題にはあまり興味がなく、共生や寄生、擬態や警告色、性転換や雌雄同体など、いわば博物学的な課題に強い関心をもっていた。やがて、そういう課題は生態学よりもむしろ動物行動学で扱っていることを知り、そちらを専攻することにした。その後、今に至るまでずっと、性転換や雌雄同体がどういう状況で進化するのかという「性的多様性」の問題を研究してきているのだが、その課題に限らず、なんだか不思議で奇妙な現象があると、つい詳しく知りたくなってしまう。

最近、一番興味をもったのは動物の共食いだった。共食いとは同じ種に属する動物を食べることで、進化的に特別な意味がありそうに思えるのは、親が自分自身の卵(または子)を食べる場合と、配偶相手を食べる場合である。それ以外の、たとえば自分と関係のない他人の卵を食べる場合などは、進化的には特に問題にならない。「ひどいことをする」などといった道徳的な批判が動物には当たらないのは言うまでもないとして、「そんなことをすれば同じ種がだんだん減ってしまって、まずいじゃないか」ということも考えなくていい。なぜなら、生物は種「全体」のためにふるまうのではなく、自分自身の子を増やすためにふるまうように淘汰されていることが、わかっているからだ。つまり、他人の卵に手を出すよりは餓死することを選んだ「崇高な」性質は、子孫に伝わることなく消え去ってしまうのに、それに頓着せずに餓死を避ければ、その「非道な」性質は子孫へと伝わり広がっていく可能性をもつ。しかし、他人のではなく自分の卵を食べてしまうさらに「邪悪な」性質は、伝えるべき子孫をなくす結果となって広がらないかに思える。けれども、もしその動物が生涯に何度か卵を生むのであれば、この理屈は必ずしも通用しない。あるとき生んだ卵を食べることによって親が生き延びて、その後再び卵を生む機会を得たなら、あとで生まれた卵は親の邪悪な性質を受け継ぐことになる。一度しか卵を生まない動物であっても、生んだ卵のすべてではなく一部だけを食べたとすれば、生き延びたきょうだいたちはやはり邪悪な性質を備えている。

配偶相手を食べる「性的共食い」の場合は、もう少し複雑な説明が必要になる。性的共食いを行う動物としてよく知られているのはカマキリとクモだろう。配偶相手を食べるのは、カマキリでもクモでも決まって雌である。雌にとっては、交尾を終えて精子をもらったあとの雄を食べてしまっても、特に損はしない。それどころか、雄を栄養源としてより多くの卵を生むことができる。逆に雄が雌を食べたとすれば、邪悪な性質を受け継ぐはずの卵も合わせて食べることになるから、雄によってそうした性質が広がっていくことはない。だが、雄は雌よりもやや小振りなことが多いとは言え、凶暴な雌の手にかかる前に逃げ出すことくらいはできそうに思える。逃げ延びれば、次の交尾機会があるかもしれないから、やすやすと食べられたりせずに、必死で逃げるべきなのだ。昨秋（二〇一〇年）の動物行動学会で発表した広島大学の渡辺衛介さんと三浦一芸《かずき》さんによれば、オオカマキリでは、次の交尾機会がどれほどあるかによって、雄は行動を変えているらしい。繁殖期が深まるにつれて、生き残っている数は雌雄ともどんどん減っていく。すると、交尾を終えた雄が相手の雌から逃れたとしても、次の交尾相手はなかなか見つからず、見つけられないままについには死んでしまう可能性が高い。それなら、今の交尾相手に食べられることで、相手の産卵数を多くして、自分の子の数を増やしてもらった方が得になる。それで、交尾後に雌に食べられる雄の割合は次第に高くなるのだそうだ。

　クモの場合はさらに話が複雑になる。クモは触肢と呼ばれる特殊な器官を左右の脚に一本ずつ持つが、一部のクモでは交尾のときにこれが損傷ないし脱落してしまう。交尾のときに

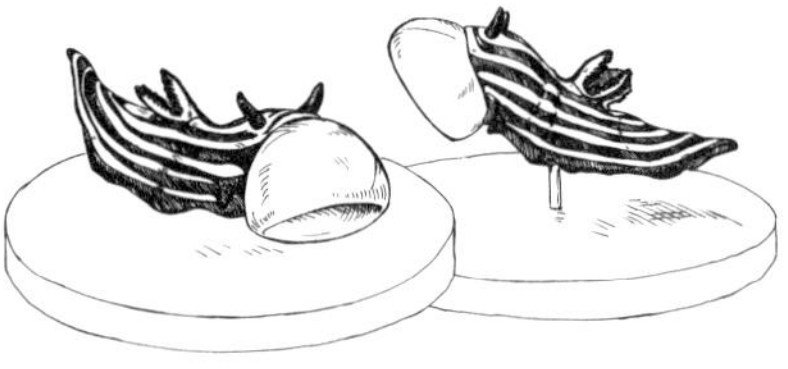

使う触肢は左右どちらか一方でいいので、理屈上は生涯に二度交尾できそうだが、実際には片方が傷つくことでもう交尾できなくなるクモもいる。そういうクモは交尾後に生きていても意味がないので、雌に食われることは不思議ではなく、それどころか交尾後に自ら死んでしまうものも知られている。そうした自死するハシリグモの一種を調べたネブラスカ大学リンカーン校のS・シュワルツさんたちによると、このクモの雄は交尾後すぐに動かなくなり、平均二・七時間後に死んでしまい、雌に食べられる。雄が雌に食べられることで交尾時間を長くして、より多くの精子や、雌の再交尾を阻止するような物質を渡すことがさまざまな動物で知られているが、このクモではどうやらそういう効果はないらしい。雌の約半数は雄を共食いした後に別の雄と再交尾するが、この再交尾率は共食いしなかった場合と変わりがない。さらに、雄を食べたことで交尾から産卵までの時間が短くなるとか、産卵数が増えるとかもなく、自死することで雄がいったいどういう利益を得ているのかはよくわからないままである。

ぼくが研究しているウミウシの中にも「共食い」することが知られているものがいる。そのひとつがイシガキリュウグウウミウシで、食玩のフィギュアとして販売された「へんないきもの」シリーズにも入っている（イラスト）。イシガキリュウグウウミウシは派手できれいな外見とは裏腹に、信じられないほどの大口を開いてウミウシを飲み込み、それが強烈なインパクトを与えるため、「特技：共食い」などと紹介されているが、このウミウシが食べるのは「他種の」ウミウシなので、厳密には共食いではない（ただし、この近縁種には同種を食うものも知られている）。このほか、キヌハダウミウシの仲間も他種のウミウシやその卵を食べることが知られていたが、この仲間を研究した琉球大学の中野理枝さんによると、キヌハダモドキという種は交尾のときに大きい方が小さい方を必ず食べてしまうそうだ。同じことがマーシャル諸島のエニウエトック環礁でも観察されていて、偶然食べたのでないことは明らかだ。でも、よく考えてみれば、これは実におかしな話なのだ。ウミウシは同時雌雄同体なので、どの個体も雌の機能を持っている。だから、配偶相手を食べることは、相手が将来生んでくれるはずの、自分が受精させた卵をも食べてしまうことを意味していて、ふつうに考えれば損になる。ただ、食べた相手を消化して自分の卵に変えられれば損失はある程度取り戻せる。また、こうした邪悪な性質がある程度広がってしまうと、自分が見逃した交尾相手が次の交尾で食べられてしまう可能性が高くなって、見逃すことが損失につながるようになる。ぼくは、この二つがウミウシの共食いが進化した鍵を握っていると考え、近い将来にぜひそれを立証したいと思っている。

（二〇一一年六月）

贈り物に隠された計略

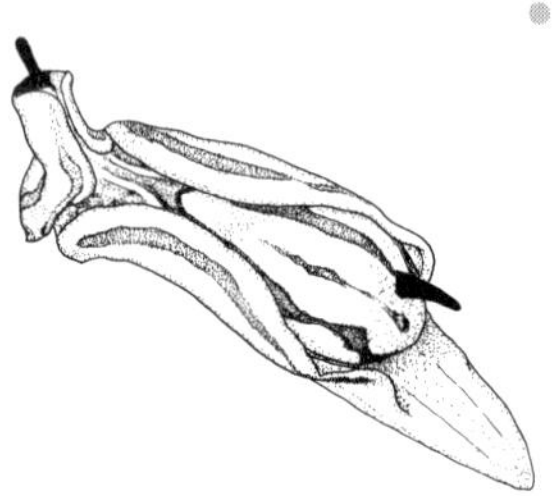
キマダラウミコチョウ

意中の異性の歓心を買うために、あるいは恋人への愛の証としてプレゼントを贈るのはありふれたこととは言え、優れて人間的な行為だと受け取られがちである。ところが、これはヒト以外の動物においても見られる行動で、求愛に始まって産卵（出産）に至るまでの期間にパートナーに食べ物を与えることは「求愛給餌」、中でも特に交尾前後に何かを与えることは「婚姻贈呈」と呼ばれている。求愛給餌は、巣作りや求愛に時間がかかり、卵に対する栄養的投資量が大きい鳥類によく見られ、婚姻贈呈は求愛にそれほどの時間をかけない昆虫で多く研究されている。ペアの絆が比較的強く、知的能力も高い鳥類でこの行動が発達していることは想像に難くないが、昆虫がパートナーにプレゼントを贈ったところで、どれほどの効果があるのだろうかと不思議に思えるかもしれない。

しかし、それが絶大な効果を発揮する場合もあることがもう三〇年以上も前に、R・ソーンヒルさんによってはっきりと示されている。ソーンヒルさんが研究したのは肉食性のガガンボモドキという昆虫で、雄は自分がつかまえた餌となる小さな虫を雌に渡しながら求愛する。雌は渡された贈り物があるサイズよりも大きくないと求愛を受け入れず、もらった餌を食べている間だけ交尾に応じる。その結果、雄が渡した贈り物の大きさと交尾時間とは正確に比例することになる。雌はずいぶんとしたたかだが、雄も負けてはいない。二〇分ほど交尾を続けると、雌が食べている途中の餌を取り返して、交尾を打ち切って飛び去ってしまう。これだけの時間、交尾を続けると雌の受精嚢が満杯になって、もう精子を送り込むことができなくなる。そんな状態で交尾を続けても意味がないので、贈り物を持って早く次の雌を探しに行こうというわけである。人間なら、前の彼女への贈り物を次の恋人に使い回すなんてとんでもないと批難されそうだが、昆虫はもちろんそんなことは気にしない。

これだけだと、ガガンボモドキでは贈り物がすべてであるかに思えるが、実はそれにはとどまらない。雌が贈り物にこれほどこだわるのは、それを元にして次に生む卵を作るからなのだが、もらった栄養をそっくりそのまま卵に変換しているのではなく、多少は調整が利くのである。そこで、贈り主の体格が大きいなど雌にとって魅力的だった場合は、もらった分に上乗せして卵を作り、魅力的でなかった場合は贈り物に見合うだけの卵を作らずに、栄養を溜め込んでおく。

ガガンボモドキほどあからさまな贈り物をする動物はめったにいないが、多くの動物の雄がもっと見えにくい形で雌に贈り物をしていることが、その後の研究でわかってきた。その贈り物とは雄の精液(または精包)自体である。精液(精包)の中には、精子のほかに栄養価の高い物質が含まれていることが多く、雌はそれを吸収することで産卵数を増やすことができる。さらには、アルカロイドなど化学防御用の物質、ナトリウムなどの重要な塩類、そして雌の体内の生理状態を直接的に変化させるアロ・ホルモンと呼ばれる物質が含まれていることもある。いずれも雌にとって役に立つありがたい贈り物なのだが、この最後の物質だけは必ずしもそうとは言えない場合がある。たとえば、このホルモンを与えた雄の精子が優先的に受精に利用されるようにはたらいたり、雌の産卵数をふつうよりも増やしたり、雌の将来の交尾頻度を下げさせたりと、相手の雌ではなく雄が得するような機能も持つからである。

このように贈り物の実例やそのはたらきがよく研究されている陸上動物に比べると、海の動物では残念ながらあまり研究が進んでいないのだが、ようやくいくつかの例が明らかになってきた。

オーストラリアのB・ウェゲナーさんたちは、全長二〇~三〇ミリメートルほどの小型のイカ、ミミイカダマシの一種の雌は雄から受け取った精包だけでなく、精子そのものも消化していることを放射性の炭素同位体を用いて確かめた。消化された精子の一部は卵形成に使われていたので、雄としてもまったくの無駄骨でなかったものの、残りの一部はちゃっかり雌の体組織の形成に使われていた。おもしろいことに、このイカの雌には受け取った精子を蓄える受精嚢がないため、精子は口球と呼ばれる咀嚼器官の隙間に溜められる。雄は、嘴《くちばし》(いわゆるカラストンビ)の付け根の比較的保護されたあたりをうまく選んで巧妙に精包を置こうとするのだが、それでも咀嚼の際に誤飲されたり、雌の触手でかき出されたり、体内ではなく外部環境と接していたりすることで、渡された精子は三週間も経たないうちに完全になくなってしまう。つまり、雄にとっては前回の交接から三週間以内にまた同じ雌に精子を渡さないと授精の見込みがなくなることになる。雌は三週間ごとに雄から栄養補給してもらえるようなものだが、うっかりしてどの雄とも三週間交接せずにいると受精卵を生めないはめになる。このイカの寿命はわずか一年なのだが、そのうちの半年近くが繁殖期になっていて、雄は雌がまだ卵成熟させる前から競って交接を始める。

イカでは雌よりも雄が割を食っているようだが、その逆の例ももちろんある。ウミコチョウと呼ばれる数ミリメートルほどの大きさの、ウミウシの親戚筋の動物がそれにあたる。ドイツ・テューービンゲン大学のR・ランゲさんたちが研究したウミコチョウの雄の交接器は基部から二股に分かれている。片方は通常のペニスの形をしていて、交尾にあたっては雌の雌性生殖口に挿入されて精子を送り込む。しかし、もう一方の先端部はナイフのように硬く尖っていて、ペニス部とはまったく独立した動きをする。ナイフの刃先を雌の両眼の後ろ、ちょうど中枢神経系が通っている真上あたりに当て、そこにかなり深く突き刺して液体を注入するのである。ナイフは交尾が終わる直前まで突き刺されたままであることがふつうで、刺されたことに対する雌の反応は特に見られない。ウミコチョウには何種もいて、突き刺す場所には種ごとに違いがある。額ではなく雌性生殖口付近に集中して刺す種もいれば、内臓嚢、右の側足など特に決まった場所ではなくあちこちに刺す種もいて、後者では体腔内に液体を注入しているのだろうと思われる。注入しているのは摂護腺（前立腺）から分泌される物質で、アロ・ホルモンのはたらきをしているに違いないと考えられるが、どのようにはたらいているのかはまだわかっていない。中枢神経系の近くなら行動を直接支配し、生殖器系なら産卵数や産卵までの時間に違いが出るはずだが、こんな手荒なやり方なのに、そうした影響はこれまでのところまったく観察されていないのである。

ところで、ウミコチョウは雌雄同体動物なので、雄・雌と書いてきたのは正確には雄役・雌役ということで、役割は毎回の配偶でそのつど決定される。ウミコチョウのように雌雄同体動物の配偶行動が明らかになるにつれて、雌雄の対立をはるかに凌ぐ激烈な対立が生じているケースがよくあるとわかってきた。二つの性に分かれている方が、相手の配偶戦略が過激化することへの抑止力（対抗策）がはたらきやすいのかもしれない。

（二〇一四年七月）

3 海の動物たち

ラッコはかわいい

ちょっと名のある動物園や水族館では、必ずと言っていいほど、その館を代表するスター動物が飼育されている。サンフランシスコから南へ二〇〇キロメートルほど離れたモントレー水族館のスターは言うまでもなくラッコである。ラッコは日本でも人気のある動物なので飼育している館は多いが、モントレーでは扱いも特別なら人気も飛び抜けている。

ラッコはもともと北太平洋の沿岸一帯に広く分布していたが、毛皮を狙って乱獲されたため二〇世紀初めまでに激減してしまった。昔は北海道にもすんでいたらしく、ラッコという名はアイヌ語に由来している。現在ではアラスカを中心に比較的多数と、カリフォルニア周辺に推定一万頭ほどが生息していて、モントレーはこのカリフォルニアラッコの分布域の南限近くに位置している。つまり、モントレー水族館のラッコはかわいくて人気があるからと

ラッコ

いうことでどこかから連れてきて飼育されているのではなく、言わば「ご当地動物」なのである。実際、館のすぐ前の海（イラスト）にもすんでいて、備え付けの望遠鏡で探すと、遠くに浮かぶケルプ（大型海藻）の間にその姿を見つけることができる。

ラッコがかわいいのは、石などを使って器用に貝を割って食べることや、水槽に入れられた遊具でよく遊ぶこと、そして手足を海面に突き出して浮かんでいるひょうきんな姿によるところが大きいだろう。こうした行動は、ラッコが生きていく上で不可欠なのである。アザラシやジュゴン、それにクジラといった海にすむほとんどの哺乳類は皮膚の下に分厚い脂肪層を持ち、それで冷たい海水に熱が伝わらないようにして体温の低下を防いでいる。しかし、ラッコはそのような脂肪層に覆われていないので、そのままではどんどん熱が奪われてしまう。では、ラッコはどのようにして体温を維持しているのだろうか？　その仕組みは主に二つあって、ひとつは密生した体毛の間に空気を蓄えて、その空気によって熱伝導を遮断していることである。ラッコの体毛の密度は、綿毛と呼ばれる細い毛まで含めると一平方センチメートルあたり一〇万本以上とされていて、これはたとえばミンクの数倍に相当するのだが、この毛並みのよさが災いして人間に乱獲され

ることになってしまった。しかし、ただたくさん毛が生えているだけでは、いずれ海水が皮膚まで浸透してきて保温効果が失われるので、ラッコは頻繁に毛繕いをしてそれを防いでいる。そして、休息中のラッコが海面上に手足をあげてまるで踊っているかに見えるのは、四肢からの熱の放散を少しでも少なくするための適応なのである。もうひとつは、とにかくたくさん食べて、自ら熱を作り出すことである。ラッコは体重の二〇％前後にあたる量の餌を毎日食べている。好んで食べるのはウニやアワビだが、ヒトデや自分のからだよりも大きなエイを捕まえているところも撮影されている。それほどまでに餌の必要性が高いにもかかわらず、偏食で特定の餌を食べないラッコがいて飼育員を悩ませることがあるというのはおもしろい。この経済価値の高い餌を好物にしていて、バリバリと食べまくることもまた人間との軋轢の一因となる。けれども、少なくともカリフォルニアでは、人間の側の旗色が圧倒的に悪く、ある漁業者がインタビューに答えて、「漁師に勝ち目はないよ。何と言ってもラッコはかわいいけれど、漁師はかわいくないからね」と諦め顔で話していたのが記憶に残っている。むしろ現在のラッコの敵は一部の愛猫家で、寄生虫を持った猫の糞を適切に処理しないと、雨に流されて海中に入り、ラッコに感染症をもたらしているのだそうである。

モントレー水族館で飼われているラッコは、そのすべてが展示されているのではない。一部は観客が見ることのできない館の裏側にいて、孤児となって拾われてきたラッコの親代わりを務めている。実は、ここのラッコたちはみな親とはぐれて浜辺に打ち上げられ、死にかけているところを助けられてきたものなのである。以前は、そういうラッコたちを飼育員が世話して、ある程度成長したところで他の館に譲ったり、野外に放したりしていた。しかし、人間に育てられたラッコは妙に人なつこくなっていて、野外に放してもカヤックやダイバーやサーファーに近づきすぎて危険な目に遭うことがわかった。そこで、ラッコのことはラッコに任せようということにして、飼育員は最小限の世話を、それも人間とわからないようにダースベイダーのような変装をして行うことになったのである。だから、この水族館では赤ちゃんラッコを見ることはできない（サンディエゴの「シーワールド」では、ロサンゼルスの北西一二〇キロメートルのサンタバーバラで二〇〇七年七月に保護され、アビーと名付けられたラッコが公開飼育されている）。

ここのラッコたちの特徴は、とにかくよく遊ぶことである。他の館ではせいぜい給餌の時くらいしか活発に行動しないので、見ていて退屈してしまう。そして、給餌の時でさえ、決められた量の餌を食べさせればそれで終わりというのがふつうである。一方、モントレーでは餌のやり方にも工夫があり、球やチューブやリングの中に餌を入れ、時間をかけて取り出させたり、アイスキューブの中に入れて割らせたりしている。球を二つ独占する欲張りなラッコがいるので、そのラッコには予め餌の量を半分にした球を二つ与えているのだそうである。この一日四回の給餌の時間にはさまざまな形の遊具も一緒に与えられる。ラッコたちは餌を食べ尽くしたあともしきりに遊具で遊ぶので、見ていて飽きることがない。しばらく遊んでいると、やがて遊具はプールの底に沈んでしまうが、それをわざわざ拾いに行ってまで遊ぶことはめったにない。そこで、次の給餌の時間にはまた別の遊具が与えられるので、夕方になるとプールにはたくさんの遊具が落ちていることになるが、日が沈む頃にすべて回収されて翌朝また持ちこまれる。遊具は次々に開発されているようで、最近ではそれまで見たことのなかった大きな人造ケルプで遊んでいた。飼育プールはウェブ・カメラで撮影されていて、インターネットを通じて、ラッコが餌を食べたり遊んだりする姿を見ることもできる（夜間は録画映像を流している）。

モントレー水族館は野生のラッコの保護や生態調査にも非常に熱心で、館周辺にすむ個体には脚にタグをつけて継続的に活動を観察している。ぼくもせっかくならその様子も見たいと思って望遠鏡で覗いたのだが、遠くにいてよくわからない。サンフランシスコに戻るシャトルバスの発車時刻が迫っていたが、どうしても諦めきれず、乗り場に向かう前に屋台の立ち並ぶ観光桟橋に行ってみると、幸運にもすぐ近くで一頭泳いでいた。持参の双眼鏡で急いで見てみると赤いタグがついていて、さよならと手を振ってくれているかのように揺れていた。

（二〇〇七年一二月）

草むらのペンギン

リトルペンギン

鳥好きの人にとっては残念なことなのだが、動物園では鳥は総じて子どもたちに人気がなく、親子連れは鳥のケージを素通りすることが多いようだ。そうした中で、ペンギンは例外的に子どもにも、そしておとなにも人気がある。『裸のサル』を書いたデズモンド・モリスは、動物園で子どもに人気のある動物の特徴を分析して、フクロウのように顔が平たく両眼で正対視できる動物か、ヒトと同じく二本脚で歩ける動物が好まれると指摘した。要するに、どこかヒト的な特徴を備えているということになるが、ペンギンは歩き方の条件によく合致している。ペンギンに対する日本の古い呼び名である「人鳥《じんちょう》」も、そこから来たのだろう。

しかし、ぼくはペンギンはそれほど好きではない。動物園で飼われているのはいいとして、水族館で飼われているのがどうもいただけない。本来の主役のはずの魚を尻目に人気を集めているのが、魚好きにはちょっとうらやましくもあり、しゃくにも障る。コミカルで不器用そうな動きとは裏腹に、見ているとけっこう頻繁に互いを突つき合っているのが、意外に意地悪な本性を表しているかに思えて、素直にかわいいとは思えない。

そんなぼくがわざわざ野生のペンギンを見に行った。昨夏(二〇一〇年)にパースでの学会に参加して、「これでオーストラリアの主要な都市で行ったことがないのはメルボルンだけになったなあ」と思うと、無性に行ってみたくなった。行ってみると、確かに美しい街で食事もおいしく、暮らすにはいいところだとは思ったものの、取り立てて見るべきものはない。それで、リトルペンギンを見に行くメルボルンからフィリップ島へのツアーに参加することにしたのだ。

現存するペンギンが何種になるかは、同種と見るか亜種と見るか別種と見るかの判断によって数え方が異なりはっきりしないが、いずれにせよ十数種いるペンギンの中で最も小さいのがリトルペンギン(コガタペンギン、フェアリーペンギンなどの別名を持つが、みな同じ種)で、体長は四〇センチメートルほどに過ぎない。ペンギンには南極の鳥というイメージがあるが、実はそうではなくて、南極だけで繁殖する種のほうがむしろ少数派である。

リトルペンギンはメルボルン近郊にだけいるのではなく、オーストラリア南部からニュージーランドにかけて広く分布していて、シドニーの近くでも見られるらしい。夜は海岸近くの草むらの穴の中で過ごし、明け方になると海に餌をとりに出かけていく。すっかり日が暮れた頃に海から戻ってくるペンギンを見るのがツアーの一番の見所である。けれども、数百羽かそれ以上のペンギンが次々に海から姿を現すとはいえ、あっという間に草むらに消えていって、数十分も経たないうちにすべてが終わってしまう。海岸には階段状の見物席が作られているが、照明はほとんどないので、波打ち際に上陸してから、渚を半分以上横切って近づいてきたところでようやくペンギンだとわかる。渚から草むらへは緩やかなスロープをわずかな距離のぼるだけなのだが、それがペンギンにとってはけっこうな難行で、ようやく少し上ったと思ったら、足をとられて滑り落ちることがある。自分の巣穴に向かう途中で誰かに出会うと、そこでいがみ合ったりもする。見物席に至る通路の近くにたまたま掘られた巣穴に持ち主がたどり着いたところに、別のペンギンが遅れてやってきて激しく喧嘩する様子も見られた。けれども、なにしろ薄暗くてよく見えないので、二時間以上かけてやってきたことを思えば、ちょっと物足りない。バスの駐車場から観客席への途中に大きな売店があって、さまざまなペンギングッズを売ってはいるが、堪能するまで生のペンギンを見たという感じはしない。しかし、ぼくが行った日のペンギン上陸時刻は二〇時四七分とかなり遅く、メルボルンへの到着が遅れることを避けたい人たちは、上陸第一陣を見届けると、さっさと帰っていってしまった。

ぼくの乗ったバスは運悪く途中で故障して、代わりのバスを小一時間待つことになったため、メルボルンへの到着は深夜一時半になっていた。交替待ちの時間を差し引いても、日本ではこ

んなスケジュールのツアーはまず考えられない。さすがに疲れたが、翌朝起きると充分にペンギンを見られなかったのがどうにも残念に思えてきた。フィリップ島までもう一往復しなくても、市内の動物園や水族館でもリトルペンギンが飼育されているとわかったので、それを見に行くことにした。水族館のほうは、予想通り、南極を思わせる白い壁を背景に何種かのペンギンが飼われていた。ガラスで完全に囲われているので、においも気にならない。ちょうど換毛期で痒いのか、からだをプルプル震わせて何とか古い羽を抜こうとしているのもいて、けっこうかわいい。でも、これなら日本の水族館でも見ることができるとちょっとがっかりもして、動物園へと向かうことにした。

オーストラリアの動物園と言えば、シドニーのタロンガ動物園が有名だが、メルボルン動物公園もそれに負けてはいない。世界で三番目に古い歴史を誇り、敷地面積も二二ヘクタールで、上野動物園や旭山動物園の約一・五倍の広さがある。園内には樹木が多く、公園の名に恥じない。入園者はそれほど多くなく、たいへんのんびりして落ち着くが、園内を一周するマイクロバスなどはなく、だんだん時間が気になってきたので、オーストラリア固有の動物を集めたゾーンだけを見ることにした。それぞれのケージ内も植栽が豊富で、動物を探すのに苦労することもしばしばだったが、パースで見損ねた有袋類の一種クォッカはお尻と背中をはっきり見たし、ハリモグラも針だけはちゃんと見えた。建物の中にいるのを想像していたリトルペンギンは、フィリップ島の海岸を模して造られた屋外ケージにいた(イラスト)。これはまさしく自然展示で、日本で「南極仕様」の展示を見慣れた目には新鮮だ。ペンギンたちは物陰や草むら、土管の中に隠れていて、なかなか姿を現さないのだが、そこからぴょこぴょこと現れるのを見つけると楽しくなる。写真もたくさん撮れたし、近くから直接見られたので、昨日の物足りなさはすっかり解消された。

日本大学生物資源科学部をこの春卒業して、新江ノ島水族館に勤め始めた城戸《きど》暖菜《はるな》さんに最近会ったところ、ペンギンの飼育担当になったそうで、なるほど突つかれた傷が両手にたくさんついていた。「ペンギン担当とはたいへんだね。がんばって世話しても哺乳類ほどにはなつかないし、よく突つかれて怪我しちゃうよね」と言ったところ、「そんなことないです。かわいいですよ」と予想通りの返事が返ってきた。それで、重ねて「ペンギンのどこがかわいいの」と少し意地の悪い質問をすると、「人間の三歳児みたいなものですよ。歩き方もそうだし、なかなか言うことを聞かないけれど、たまに聞いてくれるとすごく嬉しいんです」とのことだった。ああ、そうだったのか。子どもが苦手なぼくがペンギンをそんなに好きでない理由が、これでよくわかった。

(二〇一一年八月)

行動学者の海中実験

二〇一二年の神戸賞受賞者がドイツの海洋動物行動学者Ｈ・フリッケさんに決まったという知らせを友人から受けて、講演を聞きに行くことにした。神戸賞とは、神戸市立須磨海浜水族園が二〇一一年に新設した賞で、海洋生物学の分野において目覚ましい業績をあげた研究者を表彰することを目的としている。昨年の第一回は社会性のエビ、つまり女王エビや働きエビがいて、群れの中で役割を分担して、高度な社会生活を営んでいるエビがいることを発見したアメリカのＪ・Ｅ・ダフィーさんが受賞している。今年の受賞者のフリッケさんの受賞理由は、「生きた化石」としてあまりにも有名なシーラカンスを潜水艇で直接観察して、その行動や生態を明らかにしたことである。

ぼくにとってのフリッケさんはシーラカンスの研究者であること以上に、初めて翻訳した

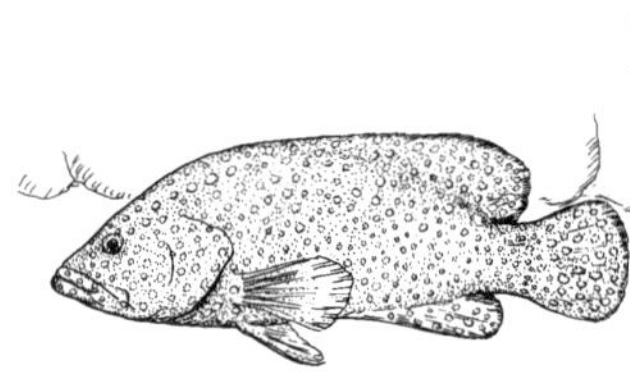

ユカタハタ

本の著者であり、その後の研究活動の道標となった人であることの方がはるかに大きい。フリッケさんの最初の著書である『さんご礁の海から――行動学者の海中実験』（邦訳は思索社、一九八五）をどんな経緯で知ったのかは、三〇年以上も昔のことなのでもう記憶が定かでない。しかし、本を手にして何枚かのカラー口絵と本文中のイラストを見たときに感じた、「何とかしてこれを読んでみたい」というときめきは今でも覚えている。そこには、魚やウニなどの動物を海から実験室に連れてきて行動を観察するのではなく、フリッケさん自身が海に潜り、自然状態の動物を相手に行った行動実験の数々が紹介されていたのである。野鳥やニホンザルを例にとるまでもなく陸上動物でなら当たり前のこの観察方法を、海の中でやっている研究者はほかにはいなかった。当時在籍していた京都大学瀬戸臨海実験所で友人たちに本を見せたところ、ぼくと同じようにぜひ読みたいと言ってくれた仲間が三人いて、計四人で分担して毎週少しずつ読み進めることにした。けれども、この本は英訳されておらず、原著のドイツ語版しかなかったうえ、二人はきっちりドイツ語を勉強したことすらなかった。だから、毎回の集まりは書かれた内容の紹介どころか、訳が正しいかどうかの検討でもなく、ドイツ語学習会のようになり、数時間も続くことがふつうだったので、輪読に加わっていなかった友人からは、「前野良沢と杉田玄白が『解体新書』を作っているみたいだ」などとあきれられた。一年ほど続けてようやく先が見えてきたころ、「これだけがんばったんだから、訳書を出版したい」という話になり、出版社に強いつながりを持つ日高敏隆先生にお願いし

てみることにした。できばえに一番自信のあった箇所をお見せすると、最初の数行を読んで「ここはこうすればもっと日本語らしくなるんだよ」と具体的なアドバイスをもらえた。そして、「訳しまちがいは少ないみたいだけど、日本語がちょっとぎこちないから、こんな感じで残りもやり直しておいて」と言われて、あっさり出版社に紹介してもらえることになった。とは言え、数行のアドバイスを元に本全体を訳し直すわけだから、この改訂作業も思った以上にたいへんで、ようやく完成して出版されるまでにさらに一年以上を費やすことになって、一九八五年にようやく出版された。

受賞講演の前日には須磨海浜水族園(イラスト)でサイエンス・カフェが催され、フリッケさんがシーラカンスに取り組み始める前の研究、つまりぼくたちが翻訳した本に書かれていた研究の話をすると聞いていたので、楽しみにしていた。サイエンス・カフェでのフリッケさんの話は、期待を超えるものだった。彼の研究の足跡をたどりながら、主な研究のいくつかを詳しく語ってくれたのである。先のような経緯から、ぼくは本に載っていたことはもちろん、(初期の)論文の内容もすべて把握しているつもりだったのだが、そのどこにも書かれていない実験が写真や動画付きでいくつも紹介された。動画の原板は八ミリか一六ミリフィルムで撮影されたもののはずで、当時は撮影に相当な出費が必要だったことは疑いなく、研究の初期から動画での記録を強く意識していたことがよくわかった。

　フリッケさんの実験の特徴は、かつてＴＶで放映されていた『どうぶつ奇想天外！』やそのさらに前の『わくわく動物ランド』によく登場した実験の原型のような感じで、「こんな仕掛けを見せたら、この動物はどんな反応をするだろうか」という疑問が根底にある。たとえば、ウニの仲間のガンガゼの長い棘の間には、テンジクダイの仲間のヒカリイシモチが敵を避けて隠れすんでいる。ヒカリイシモチはどうやってガンガゼを見分けるのだろうかと考えたフリッケさんがガンガゼの形を単純化した模型を作って実験してみたところ、海底から垂直に長く延びた黒く細いシルエットに惹《ひ》かれていることがわかった。ふつうの行動学者ならここで満足するところだが、フリッケさんの興味はそれにとどまらない。全体として垂直に延びてはいるが、まっすぐではなくうねうねと規則的に曲がった針金ならどうなのか、ドットが並んだように隙間の空いた線が延びていたらどうかなど次々と試している（結果はともに引き寄せられなかった）。この執拗さは研究者というよりも、どんな絵が視聴者に最も強い訴求力を持つかを試すＴＶのディレクター的な感覚であるかに感じるが、そうではない。動物がどのように外界を認知していたのかを追究していた、彼の師であるＫ・ローレンツさんの伝統を受け継いでいると見るべきで、実際、講演の中では認知動物行動学ともいうべき学問分野の重要性や発展性を強調していた。

フリッケさんは昔の実験だけでなく、最近の研究も披露してくれた。サンゴ礁にすむハタは大型の魚食魚で、視覚がよく利き昼間に小魚を狩る。一方、やはり大型の魚食魚であるウツボはあまり視覚が優れず、薄暗くなってから主に嗅覚に頼って小さな魚を襲う。ハタの弱点はその大きなからだで、小魚に気づかれてサンゴの狭い隙間に逃げ込まれると手を出せない。すると、獲物に逃げ込まれたハタはなじみのウツボを探して近くに行き、求愛の動きに似たピクピクと痙攣するような独特の動きを見せる。昼間なので活動せずに休んでいたウツボが、合図を送るハタを認めて近づくと、ハタは先に小魚が逃げ込んだ隠れ場へとウツボを先導する。ウツボはその細長いからだを利用して小魚の隠れ場へと巧みに潜り込むと、やすやすと捕まえてしまう。ハタのほうは、ウツボの急襲をなんとか逃れて慌てて飛び出してくる小魚を外で待ち構えていて、こちらもうまく捕まえることができる、狩りの結果、ハタとウツボの双方がともに獲物を得る確率は一〇〇％に近いそうだ。この動物種を超えた共同ハンティングは偶然の産物ではなく、ハタはどのウツボがどこに潜んでいるかをちゃんと記憶して呼び出している。そして、この現象は特定の場所だけではなく、各地のサンゴ礁で観察されている。フリッケさんはもう七〇歳になったというのに、講演翌日には沖縄の黒島に潜りに行くということだった。一緒に行けば共同ハンティングを観察する機会があったかもしれないことを思うと、授業のために同行できなかったのが残念でならない。

（二〇一二年八月）

シーラカンス

二〇一二年の神戸賞受賞者のフリッケさんは、工夫を凝らした実験を海の中で行うことで魚や無脊椎動物の行動を明らかにした論文を精力的に発表し、その成果を一九七六年に出版していた。ぼくは、本の続きの実験が早く論文にならないかと原著の翻訳中から楽しみにしていたのだが、あれだけ次々に書かれていた、サンゴ礁の動物の行動についての論文が出る間隔がだんだん長くなり、訳書を上梓したころにはとうとう途絶えてしまった。心配になって、国際学会に参加したときにドイツ人研究者に彼の近況を聞いてみると、「潜水艇で宝探しししているよ」と教えてくれた。宝探しは研究資金獲得のための宣伝活動の一環で、実は生きたシーラカンスの観察を狙っていることをほどなく知ったが、なぜサンゴ礁の魚から深海のシーラカンスに興味が移ったのかはわからないままだった。

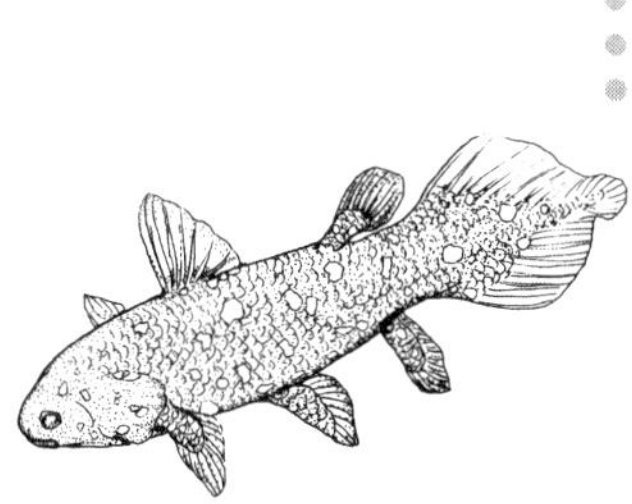

シーラカンス

今回の受賞講演を聞いて、その疑問は氷解した。シーラカンスに関心が移ったと思ったのはぼくの勝手な誤解で、シーラカンスを最初に研究したJ・L・B・スミス博士の『生きた化石――シーラカンス発見物語』（梶谷善久訳、恒和出版、一九八一）を子どもの頃に読んで以来ずっと、潜水艇に乗って生きたシーラカンスを観察したいと思っていたのだそうだ。フリッケさんは小さい頃からずいぶんと冒険心に富んでいたようで、空になった消火器をスキューバ・タンク代わりに使って潜水練習をしている少年時代の写真も見せてくれた。学生時代に最初に魚の潜水観察を行った紅海のアカバ湾にあるエイラットへは、ドイツから自転車旅行でたどり着いている。これについては、「お金がなかっただけのことさ」と言っていたが、アルバイトをして旅費を稼ぐやり方もあったはずで、必ずしも金銭的な理由だけではなかっただろう。後に潜水艇でシーラカンスを観察する前には、〈ネリティカ〉と名付けた水中観察施設をエイラットの水深一一メートルの地点に設置し、その中に入って二四時間態勢で魚を見たりしているが、どうやら彼は水中に滞在することを少しも怖いとは感じないようで、潜水艇に乗って怖いと思ったことは一度もないと話していた。

よく知られているように、シーラカンスは南アフリカ共和国の小さな博物館員だったラティマー（Latimer）さんによってカルムナ（Chalumna）川の河口で一九三八年に発見され、学名には発見者にちなんだ *Latimeria* という属名と、発見場所にちなんだ *chalumnae* という種小名が与えられている。この川の沖合が深海まで続く急峻な地形であるにしても、深い海にすむはずのシーラカンスが浅瀬で獲れたことや、南アフリカではその後ほとんど見つかっていないことから、どうやらこの「最初の」シーラカンスは本来のすみかから流されてさまよっているところをたまたま捕まえられたのだろう。それにしても、現在知られている主な生息地で一番近いコモロ諸島から南アフリカまでは三〇〇〇キロメートル近く離れているので、どうやってたどり着いたのか何とも不思議である。

シーラカンスの仲間は、古生代の半ば、さまざまな魚類が海中で大繁栄していた約四億年ほど前のデボン紀に出現し、数十種の化石が知られているが、恐竜の時代だった中生代が今から六五〇〇万年前に終わりを告げるとともに姿を消したと考えられていた。現存しているシーラカンスの仲間は互いによく似た二種だけで、その姿は化石に見られるものとほとんど変わらないため、「生きた化石」と呼ばれている。今では深海魚のイメージをもつシーラカンスだが、繁栄していた頃はむしろ浅海《せんかい》や淡水を中心に分布していたらしい。

現在のシーラカンスも、深海とは言ってもそれほど深くない、せいぜい水深数百メートルあたりまでで暮らしている。それでも、この深さではもはやスキューバによる潜水は現実的ではなく、観察には潜水艇を必要とする。そこで、フリッケさんは潜水艇を使ってコモロでシーラカンスを探そうとしたのだが、政府からの資金援助は得られなかった。そこで、資金を集めてなんとか自作した最初の潜水艇〈ジオ〉は二〇〇メートルの潜水能力を備えていた。

しかし、航海を重ねても姿をとらえられないままに、予定された最終航海を迎えたとき、つ

いに幸運が訪れた。潜航可能深度ギリギリの水深一九八メートルの海底洞窟の中に何尾ものシーラカンスがいるのを発見したのである。調査を続けると、シーラカンスはこの洞窟からさらに深みへと餌を求めて出て行くことはあっても、洞窟より浅くにはめったに行かないことがわかった。これでは〈ジオ〉によって詳しく行動を観察することは難しいので、四〇〇メートルまで潜航可能な後継艇として〈ヤーゴ〉が建造された。

〈ヤーゴ〉によって解き明かされたシーラカンスの謎は数多いが、中でもフリッケさんならではの貢献はその社会構造、つまり各々のシーラカンスどうしの関係がわかったことだろう。潜水艇に備え付けられたアームをうまく操作してシーラカンスの組織片を少し切り取って回収し、ＤＮＡを調べれば、洞窟内や隣接する洞窟間の魚の血縁関係がわかる。また、シーラカンスの濃紺の体表には白い斑紋が散在していて、そのパタンが個体ごとに異なっているので、それを利用すれば個体ごとの動きを追跡することができるし、長期にデータを蓄積すれば成長や生死から寿命を推定することもできる。この個体識別・連続観察というのは、かつてフリッケさんがサンゴ礁の海で駆使していた動物行動学のお得意の手法そのものである。この白い斑紋も偶然の産物ではなく、ちゃんと意味があるらしいこともつきとめられた。体表の斑紋でも、洞窟中の鉱物でも同じように光が乱反射するので、うまいカムフラージュになっているというのである。希少な動物を捕らえて研究することは個体数の減少につながりかねないが、こうした研究手法ではその心配なしに保全に必要な情報を得られるという点でも画期的である。

さらに、各地のシーラカンスで対立遺伝子の組み合わせを調べて比較することで、東南アジアとアフリカ沖という二大生息地間の関係もわかってきた。コモロをはじめとしたアフリカ沖のシーラカンスの遺伝的多様度は、想像されていたよりもはるかに小さかったのである。このことは、アフリカ沖のシーラカンスが数万年前にやって来たばかりの新参者であることを意味している。つまり、南アフリカで見つかった、あの「最初の」シーラカンスがどこからか流されてきたように、(おそらく南赤道海流に乗って)はるかに長い距離を流れてコモロ周辺にたどり着いたのだろう。けれども、ふつうの魚なら、たまたま一尾が流れ着いただけではそこで繁殖して子孫を残していくことはできない。シーラカンスにそれが可能なのは二つの理由があるからだ。ひとつはこの魚が卵胎生(卵を体内で孵化させて魚の形で産む)であるため、「妊娠」中の雌が流れ着けば、そこでたちまち新たな集団ができることだ。しかし、この集団では近親交配が進むので、やがて遺伝的な欠陥が出現する危険がある。それを補うもうひとつの特徴が、推定寿命が百年以上に達して世代時間がたいへん長いことで、世代を重ねて欠陥が蓄積されるまでには、新たな魚が流れ着くのに充分な時間を稼ぐことができる。

けれども、ヒトとはまるで異なる時間感覚で悠久のときを過ごしているかに思えるシーラカンスにも、時代の波は押し寄せている。フカヒレ用の深海ザメ漁で混獲されて、コモロやタンザニアでの捕獲数が急増しているらしい。「古生代からの贈り物」をぼくたちの時代で絶滅生物リストに入れることは、なんとしても避けたいものである。

(二〇一二年一〇月)

4 消えたサンゴ礁

サンゴ誕生、そして消失

ミドリイシサンゴ

六月の満月の夜、沖縄の海に潜って海底のサンゴにライトを当て、目を凝らして枝先を見ると、花びらのように四方に伸びた短い触手の中央に赤くて丸い珠が見える。珠はゆっくりと時間をかけて少しずつ迫り上がり、やがて満を持したかのように花から離れて海中を浮かび上がる。ひとつの珠が離れて漂いはじめると、競い合うかのように周囲の珠もサンゴから離れていく。気がつくと、そのサンゴだけでなく、周りのサンゴというサンゴから珠が解き放たれ、海中は花吹雪が舞っているかのようだ。こうした一斉産卵とよばれる光景は梅雨時の清涼剤として、毎年のようにテレビのニュースで放映されてきた。それは、沖縄の海の風物詩「だった」のだ。

サンゴは根を生やしたかのように海底にしがみついて動かないが、もちろん植物ではなく、クラゲやイソギンチャクと同じ、刺胞《しほう》動物という仲間に属するれっきとした動物である。サンゴの枝先に見える花のようなもの（ポリプという）は、そのひとつひとつがイソギンチャクと同じような構造を持っている。言ってみれば、サンゴは無数の小さなイソギンチャクが集まったようなものなのだ。けれども、サンゴの繁殖は産卵という動物的な営みというよりも、むしろ花の中から小さな実が出ていくような植物的な印象を与える。サンゴが「実」を海中に放出することは一般に「サンゴの産卵」と呼ばれているので、あの「実」が一個の卵だと思われがちだ。しかし、そうではなく、あの「実」はバンドルと呼ばれるもので、その中にはたくさんの卵と精子が詰まっている。多くのサンゴは、花を咲かせる植物と同じく雌雄同体で、それぞれのポリプが卵も精子も作り出していて、一年に一回だけそれを海中へと放出するのである。この放出はそれぞれのサンゴ群体が勝手に行うのではなく、地域ごとに同調して行われるため一斉産卵がおこる。一斉産卵がいつおこるかは海水温に依存していて、北半球では南ほど早く、北では遅くなる。たとえば、石垣島や西表島《いりおもてじま》では四月か五月だが、沖縄島周辺では主に六月、本州では七月や八月となる。しかも、年によって、あるいは場所によって変動があるので、予測はなかなか難しい。また、サンゴの種によっても異なり、ミドリイシ属など多くのサンゴが一斉に産卵する日とは別の日に狙いを定めて産卵する少数派のサンゴもいる。

バンドルの中には卵も精子も含まれていると書いたが、バンドルの中では受精はおこらない。バンドルが海面に浮かび上がる途中で弾けるまでは、中の精子は授精力を持たないのである。バンドルが弾けると精子は海水と直接触れあって授精力を持ち、他の群体が放出した卵と出会って受精させる。こんな複雑なことをしなくても、群体から、たとえば時間差で卵と精子を直接海中に放出してもよさそうなものなのに、どうしてそうしないのだろうか。それは、受精効率のためである。受精卵を少しでも遠くまで運ばせるためには、卵の中に油分を蓄えて海面まで浮かび上がらせて表層流を利用するのがいい。ところが小さな精子に油分を蓄えることはできないし、海底から自力で泳いで海面まで行くには距離がありすぎる。卵が海面に浮かんでいるのに、精子が海底でもぞもぞやっていたのではうまく受精できない。そこで、卵の浮力をいわば利用して精子を浮かび上がらせようとするしくみになっているのである。一方、サンゴの中にはこうした受精様式をとらず、ポリプの中で受精がおこって幼生(プラヌラ)を放出するものもいる。こうした種は、海中で受精する種に比べると、分散力は当然小さくなっている。

バンドルが弾けて放出された卵は、波に揺られるうちにいつしか寄せ集められて、赤い帯状のスリック(油膜のような集まり)となる。スリックは、本来は外洋へと向かうはずなのだが、風向きによっては不本意ながら海岸方向に打ち寄せられてしまう。凄まじい量の卵が流れ着いてくると、まるで赤潮のように見える。ある年、一斉産卵の翌朝に海面に浮かんで魚を観察しようとしたところ、視界を遮る卵のあまりの多さで魚が見えず、観察を諦めたことさえあった。

しかし、そんな経験も沖縄島では今は昔のこととなってしまった。一九九九年以来、それほど多くの卵を見ることはなくなったのである。その前年、一九九八年の夏は珍しく台風が沖縄にひとつも来ず、海は毎日穏やかで喜んでいたのだが、それがよくなかった。台風で攪乱されないために沿岸水と外洋水が混じり合わず、沿岸の海水温がいつもの年よりも二度ばかり高くなった。サンゴのからだの細胞内には褐虫藻《かっちゅうそう》が共生していて、光合成を行ってサンゴに栄養を供給している。しかし、水温が上がりすぎたり光が強すぎたりすると、褐虫藻はサンゴから海中へと出ていってしまい、サンゴの「白化《はっか》」と呼ばれる現象が起こる。褐虫藻が抜けるとサンゴの組織は透明になり、白い骨格が透けて、白っぽく見えるようになる。磯に近い浅い場所にいるサンゴは、盛夏になると色が薄くなってくることがあるが、褐虫藻が完全に抜け切ることはめったにない。しかし、この年は違った。海水温の高い状態が続いたため、褐虫藻がほとんど出ていってしまった。こうなると、サンゴは兵糧攻めにあったようなもので、栄養不足で死んでしまう。この年の秋には、死んで真っ白い骨格だけを鮮やかに残したサンゴがいたる所で見られた。沖縄島とその周辺の島々のサンゴの大半はこのとき死滅したのである。

サンゴ礁がいつも安定しているわけではけっしてない。大発生したオニヒトデに食い荒らされたり、台風にともなう強い波浪で破壊されたりすることもあるが、これまではいつか元通りに回復していた。しかし、今回はそうではなかった。あれから七年たった今でもほとんど回復していない。山火事にあった土壌には種子が埋もれていて、すぐにそれが芽を出す。けれども、消失したサンゴの回復には、どこからか幼生が流れてくることが必要である。白化の翌年以後も多少は幼生が定着していたが、それはどうやら、白化が起こらなかった慶良《けら》間《ま》列島などから供給されていたらしい。ただ、残念なことにせっかく定着した幼サンゴは、サンゴもないのになぜか生き延びていたオニヒトデによって多くが食われてしまった。そして、この二、三年は幼生の定着量自体も大きく減少している。それは、慶良間のサンゴがオニヒトデに激しく食い荒らされていることと関係しているのかもしれない。

ぼくがこれまで二〇年近く研究の舞台としてきた沖縄島北部の琉球大学瀬底実験所は年々施設が立派になり、今では一〇億円をかけたといわれる建物がそびえ建っている。しかし、サンゴの回復の研究をしようにも、もはやその海にサンゴはいない。琉球大学のホームページを見ると、今後「海洋生産学部」をつくる構想があると書かれている。サンゴがまだかろうじて残されている慶良間あたりに新たな研究施設をつくって回復の研究を進めるのではなく、サンゴのいなくなってしまった島々で魚を増やす研究をすることが、この大学の使命なのだろうか?

（二〇〇五年六月）

はるかなるブダイの群れ

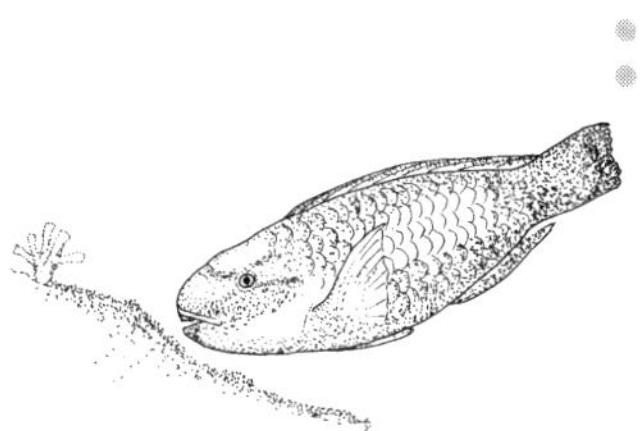
ブダイ

ぼくは今（二〇〇五年の初夏）、西表島に来ている。総合地球環境学研究所が展開している一一のプロジェクト研究のうちのひとつ、「亜熱帯島嶼《とうしょ》における自然環境と人間社会システムの相互作用（西表プロジェクト）」に参加するためである。この研究所の所長は、大学院時代の恩師である日高敏隆先生で、ぼくは西表島における人間活動がサンゴ礁生態系にどのような影響を与えているかを調べるために、プロジェクトに加わった。

昨年、二十数年ぶりに八重山の海に潜ったぼくは、それまで潜り慣れていた沖縄島の海と比べて、なんとすばらしいかと感激した。先に来て、既に何日か潜っていた大学院生たちもその素晴らしさを口々に讃えている。確かに、泳げる限り泳いでも、まだ海底が一〇〇％近くサンゴに覆われていて、それが果てしなく続いているかに思えた。けれども、二、三日潜り続けているうちに、どこかおかしい、こんなはずじゃないだろうという思いが抑えがたくこみあげてきた。「昔はもっとすごかったはずだ。海中で見た自然はもっと感動的だったはずだ」という思いに駆られたのである。院生たちが相変わらず感激し続けているのに、ぼくだけがこんなふうに思うのは歳をとって感覚が鈍くなったからだろうか？　いや、違う。純粋な若者は欺かれても、おじさんは騙されないぞ！

陸上で西表島を見る限り、それは圧倒的な迫力で、容易に人々を寄せつけない印象を与える。主な道路は島を半周する外周道路だけなので、内陸部に分け入るのはたいへんである。そして、二八九平方キロメートル（沖縄島の約四分の一）の大きな島にわずか二三〇〇人の住民は、島の縁にへばりついて暮らしているかに思える。原生林に妙な外来生物が侵入し、外周道路でヤマネコが車にはねられる事故が増えたと言っても、まだまだその自然は小さな傷を受けたに過ぎないだろう。

しかし、海の中はまったく事情が異なる。小さな舟を使うだけで、人里離れた場所まで出かけて漁をすることも難しくない。実際、あちこちで潜っているうちに、西表の海では集落からの距離にかかわらず大型の食用魚がほぼ獲り尽くされていることがわかった。最初に潜ったいくつかのダイビング・スポットでは、スズメダイやチョウチョウウオといったサンゴ礁を代表する小型の魚はそれこそ無数に見られたが、ブダイやハタなどの大型魚の姿はあまり見かけられず、それが昔に比べて何かおかしいと感じた原因だった。かつては藻を食むブダイやニザダイの列が途切れることなく延々と続き、遠目に見ると黒いカーペットが動いているかのようだった。スポットに案内してくれたダイビング・サービスのオーナーも「昔は、この何万倍ものブダイがいましたよ」と言っていた。確かに、何万という言い方が大げさではないと思えるほどの減り方である。スポットを離れた場所で潜ってみると、その激減ぶりはさらに凄まじい。たとえば、集落からはるかに離れた鹿川湾《かのかわ》というところでビデオ撮影すると、海底がびっしりとサンゴで覆い尽くされているのに、大小問わず魚の姿がほとんど写っていないのである。陸でたとえれば、うっそうとした原生林の中で鳥や獣の声がまるで聞こえず、静まりかえっているといった異様な光景である。

大きな魚、とくにブダイなどの大型藻食魚《そうしょくぎょ》がいなくなることは、サンゴ礁生態系に何かよくない影響を及ぼすのだろうか？　鹿川湾《かのかわ》に見られるとおり、サンゴ礁が平穏で攪乱を受けない限りは、ブダイなどいなくてもとくに何も起こらない。しかし、台風による破壊、オニヒトデの食害、水温上昇によるサンゴの白化など、攪乱は避けがたくやってくる。そして、そのときこそ重大な影響が現れる。

森林も山火事や伐採などの攪乱を受けることがある。すっかり焼け尽くされて、すべての木が姿を消してしまった荒野はどうなるのだろう？　やがて草本が芽吹き、次いで木本《もくほん》の陽樹が現れ、最終的には陰樹の森が再生される。このように教科書的に遷移が進むことばかりではないとしても、基本的な仕組みとして、陽樹が草本を覆い、やがて陰樹が陽樹を凌駕する過程は当事者間の直接的な競争に依るもので、いわばオートマティックに進行する。

では、サンゴ礁ではどうだろうか？　そこではまったく様相が異なる。サンゴがいなくなった海にまず定着するのは海藻だが、サンゴは自力で海藻を駆逐することができない。サンゴよりも成長が早く、背丈も高くなるホンダワラの仲間が相手の場合は、同時に定着したとしても、あっという間に覆い尽くされてしまうだろう。背の低い芝状の海藻が相手なら覆い尽くされることはないが、びっしりと横方向に広がっていくライバルを食い止めるすべはなく、ついにはサンゴの「陣地」はすっかり奪い取られて定着できなくなる。つまり、サンゴが再び海底を覆うには何らかの援軍が必要ということになる。その援軍が藻食魚なのだ。藻食魚は幼サンゴと海藻の芽生えをしっかり見分けて、海藻だけをついばむ。この強力な味方を得てこそ、サンゴは陣地を広げて王国を復活できるのである。

世界各地のサンゴ礁の遷移を比較検討したベルウッドさんたちは、サンゴと海藻の勝負は判定にもつれ込むような拮抗した戦いではなく、ある点を境に雪崩的な勝利を得るカタストロフィックな過程だと考えている。彼らによると、海藻も最終的な勝者ではない。ウニを食べる魚も獲り尽くされている場合は、海藻が増えたあとにウニが爆発的に増えて「ウニ畑」となるのだそうだが、沖縄ではそれは観察されていない。そして、最後にはウニもいなくなって、文字どおり荒野と化す。いずれにせよ、こうした遷移の方向を制御しているのは、漁獲圧の強さと海水中の栄養塩濃度である。栄養塩濃度が高まると、海藻の成長が促進されるほか、幼生期に植物プランクトンを食べるオニヒトデの生存率が高まるので、サンゴには不利に作用する。そして、サンゴが有利な状況では少々の攪乱を受けても平気だが、不利になってくると「復元力」がなくなってサンゴ群集は崩壊への道をたどる。

これまで西表では、台風やオニヒトデによってサンゴが大きなダメージを受けても、いつの間にか復活していたそうである。けれども、今ではすっかり元通りには回復できなくなっているように思われる。波あたりが強く、海藻の生育に不利な礁縁《しょうえん》（リーフ・エッジ）部では見事にサンゴが復活しているものの、浅場の礁池《しょうち》（モート）や潮間帯は、かつて埋め尽くしていたサンゴに代わって、既に海藻に制覇されているからである。魚が乱獲されてしまった結果、復元力が確実に衰えているようだ。

実は、森林と比べたとき、サンゴ礁生態系にはもうひとつ弱点がある。それは埋土種子がないことである。地中に埋もれた種子は言わば貯蓄のようなもので、緊急時に利用してすみやかに復旧を進めることができる。ところが、サンゴにはそんなものはない。どこかから幼生が流れ着くのを待たなければならない。そのため、一九九八年のように広域で白化が起こると、幼生の供給源が断たれて復活への道程がはるかに遠のいてしまう。暑すぎる夏が再び訪れて白化に見舞われれば、そのときはもう西表のサンゴも復活しないかもしれない。

（二〇〇五年八月）

さまよえるクラカオスズメ

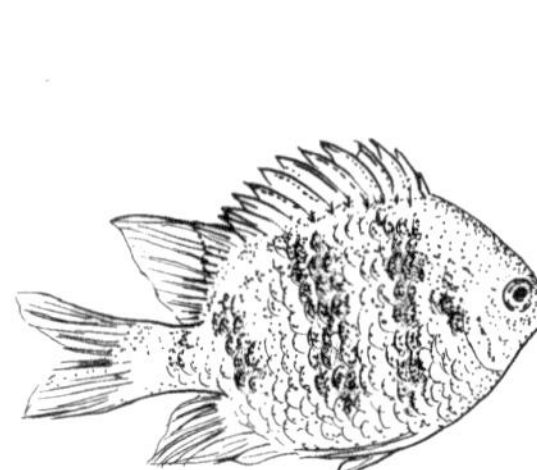
クラカオスズメ

琉球大学には、沖縄県内ばかりでなく全国各地からたくさんの学生が入学してくる。生物学や海洋学を専攻する学生では県外勢の割合がとくに高く、これまでにぼくたちの研究チームが卒業研究や大学院での研究を指導した学生も県外出身者の方がずっと多かった。中でも花原努君はとんでもなく遠いところからやってきていて、もしかすると(離島を除けば)国内では実家から最も離れた地で学んだ学生だったかもしれない。ぼくたちが研究している琉球大学瀬底実験所から那覇空港までは、車で二時間以上かかる。そこから新千歳空港までは乗り継ぎで四時間以上を要するが、ここまで来ても時間的にはまだ半分にも達していない。そこから別海《べっかい》町の家までは、電車を乗り継いでさらに八時間あまりかかるのである。

花原君の実家はサケ漁などを営む漁師さんで、魚に関心を持ったのはもしかしたらそのことが少しは関係しているのかもしれない。けれども幸か不幸か、味にこだわるほうではなく、実家から季節に送られてくるサケも、スーパーで売っている切り身のサケも同じようにおいしく感じるそうで、そのせいか食用魚にはあまり興味がわかなかったようだ。教育学部に入学した彼は、卒業研究でクロスズメという小型の魚の繁殖生態を調べたのだが、ご両親はきっとなぜそんな食べられもしない魚の研究をするのか理解できなかったに違いない。

大学院に進学してぼくたちと一緒に研究することになると、一年先輩の佐川鉄平君と一緒にクラカオスズメの繁殖を調べることにした。淡青《うすあお》と濃紺の縞模様のこの魚の名を学生に教えると、「そんなに暗い顔でもないですね」などとよく言われるのだが、それは当然で、名前の由来は顔つきとはまったく関係がない。リキュールのキュラソーと同じことばに由来していて、ただ読み方が違っているだけなのだ。

先輩と同じ魚を対象にして研究することには、細かな点に至るまで調査のやり方をすべて教えてもらえるという大きな利点があって、研究を始めて間もなくから有効なデータを取ることができる。誰もやったことのない魚を対象にして、一人で研究し始めたならそうはいかない。二人はチームワークもよく、おもしろい現象を次々に発見していったのだが、ひとつだけたいへんな弱点があった。花原君は学部生時代に「忘れ物王」と呼ばれていたくらい忘れ物が多かった。岸から観察場所まで泳いで行ってから、調査に必要なものを忘れたことに気がついたのでは、取りに戻っている間にここぞという観察機会を逃してしまいかねないか

ら、これはなんとしても克服しないといけない。ところが、佐川君は花原君をはるかに上回る「忘れ物大王」だったのである。それで、忘れ物をなくすべく、潜り始めるときには二人で必ずチェックし合うことにしていた。それでも忘れることがときどきあって、あるとき花原君がウエイト(潜水用のおもり)をうっかりつけ忘れていることに佐川君が気づいた。それではからだが沈まなくて潜れないから、「努、ウエイト忘れてるぞ」と声をかけたところ、花原君が返した返事は「鉄平さんも(忘れてる)!」だった。

けれども、一緒に研究することの不利益もある。簡単にできて、うまく成果もあげられそうなテーマを先にやられてしまっているというのもそのひとつだろう。クラカオスズメもその例に漏れず、繁殖に関しておもしろそうなことは佐川君が既に手がけていた。

そこで花原君が選んだのは、ちょっと渋いテーマだった。

魚を野外観察していると、なわばりを離れてどこかに泳いで行ってしまうことをときどき見かける。出かける目的はさまざまで、他で繁殖しているところに割り込もうとするなど何をしたいかがすぐにわかることもあれば、それまでなわばりを張り合っていた魚たちが突然集まって群がるクラスタリングと呼ばれる行動など、何のためかよくわからないこともある。

花原君は、なわばり内に産卵床を持つ雄が、近くにいる他の雄の産卵床を訪問する行動に注目した。他のスズメダイと同じく、クラカオスズメも雄がつくった産卵床に雌が訪れて卵を産みつけ、雌が去ったあとは卵が孵化するまで雄が保護する。

雄はなぜそんなに他の雄の産卵床が気になるのだろうか？　すぐに考えられるのは、産卵中のペアに割り込んで精子をかけ逃げしようとすることだが、早朝の産卵時間帯とは異なる時刻でも訪問は行われていた。また、産卵床にある卵をこっそり食べに行っているわけでもなかった。卵を保護しているときにはめったに訪問しなかったので、どうやら受精機会や卵そのものに興味があるのではなく、自分の産卵床に何らかの不満があるときに他の産卵床を視察に行っているということらしい。視察に使う時間は平均二分程度で、一回の視察で三カ所近くの産卵床を訪問していた。これだけの数を一気に見ようとすると、視察先の産卵床では持ち主が不在のこともあれば、主がいることもある。突然視察に来られた雄は、体当たりして追い払うこともあれば、鰭《ひれ》を広げて威嚇することもあったが、とくに反応せず無視していることもあった。視察に訪れた雄は、とりわけ相手が不在の場合には、産卵床を口で突ついて、その質を確認するような行動をすることがよく見られた。また、不在中の雄が戻るまでの短時間に、訪問雄がまるで自分がそこの持ち主であるかのような振る舞いをすることも観察された。さらに、二尾の訪問雄が主不在の視察先でばったり出会い、主が戻るまでの三〇分近くにわたってけんかし続けたこともあった。けれども、相手を追い出して産卵床を乗っ取ることはついに見られず、是が非でも奪い取るのが視察の狙いではなく、あくまでも空き家になったときに備えての下調べが主な目的のようだった。

これで視察の意味はだいたい解明できたのだが、まだよくわからないことも残っている。そのひとつは、春の繁殖期だけでなく、秋から冬の非繁殖期にも同じくらいの頻度で視察が行われていることである。翌年に備えての入念な調査なのかもしれないが、魚の記憶がそこまで長期に及ぶとはとても信じがたい。クラカオスズメにとっての理想の産卵床はめったに見つからず、よりよいものを常に探しているということなのだろうか。そう言えば、クラカオスズメはコンクリート板や塩ビ板などの人工産卵床を好んで使うのだが、そんな真っ平らな面は自然界にはまず存在していない。

視察に出かけても結局は家に帰ってくるクラカオスズメとは異なり、花原君は郷里を遠く離れた沖縄で中学教員となり、家庭をもった。生徒の心をつかむことに天性の才を持つ彼がいい先生となっているだろうことは想像に難くないが、忘れ物癖が直ったかどうかだけが気がかりだ。

（二〇〇八年六月）

サンゴが成熟するとき

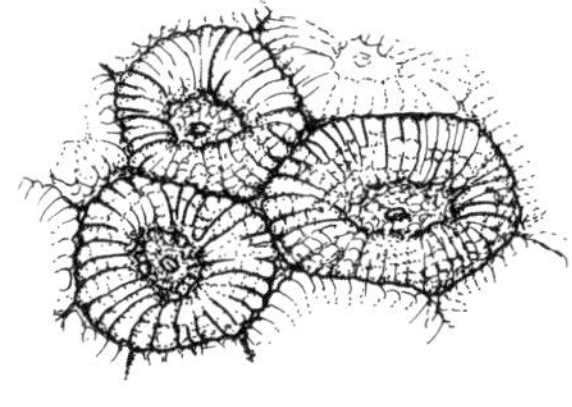
パリカメノコキクメイシ

大学の学部生のときに、講義のレポートとして「群体性の動物における個体とは、群体を構成するユニットひとつずつか、それとも群体全体か」という課題が出た。無脊椎動物の中には、カイメン、サンゴ、コケムシ、ホヤなど小さなユニットがたくさん集まってからだを形作る群体性のものがけっこういる。ちょっと見ただけだと群体全体で一匹の動物のように思えるが、それぞれのユニットを切り離してもちゃんと生きているので、各ユニットが一匹で、それが集まって暮らしているとも考えられ、当時のぼくにはいくら考えても答えは出せなかった。

今考えてみると、個体というものにこだわることがどうも話を複雑にしていたように思える。たとえば、竹藪の竹は地上部だけを見ると、松や杉と同じく一本ごとが独立した個体であるかに見えるが、実は地下茎でつながっているから、竹藪全体がひとつの群体を成しているとみなすこともできる。ここで松林と竹藪との決定的な違いは、松林の松は一本ごとに遺伝的な組成が違っているのに対して、竹藪の竹は遺伝的にみな同じで均質なことである。さらに言うと、地下茎でつながっているかどうかさえ、それほどたいしたことではない。イチゴの株は、花を咲かせてイチゴを実らせたあとに、ストロンと呼ばれる茎の先に小さな株をつけたものを伸ばして増えていく。ストロンはほどなく枯れて、それぞれの株は独立するが、それでも二つの株が遺伝的に同一であることに変わりはない。つまり、群体と単体とは、それぞれの遺伝子集合体がどのように増えていくかのやり方の違いなのだと考えられ、二つのやり方を「個体」を共通尺度にして比べることには意味がないのである。とは言え、ぼくたちヒトを含めた脊椎動物はたいへん個体性が発達した動物なので、どうしても個体の視点から他の生物を見てしまいがちで、群体性生物の生き方を理解するのはなかなか難しい。

けれども、最近になってようやく、群体性生物を現代的な進化生態学の枠組みで見直してみようとする研究が行われ始め、サンゴもその重要な研究対象のひとつになっている。

サンゴはクラゲやイソギンチャクと同じ刺胞動物に属する動物で、大半は群体性だが、クサビライシなどの一部は単体性でイソギンチャクそっくりに見える。サンゴの群体は、ポリプと呼ばれるごく小さなイソギンチャクがたくさん集まってできたようなものだから、イソギンチャクに見えても少しもおかしくない。サンゴと言えば、装飾品に加工される宝石サンゴがかつては有名だったが、今ではむしろサンゴ礁を形成するイシサンゴを思い浮かべることのほうが多いかもしれない。イシサンゴには、ミドリイシなど枝状に成長するもの以外に、被覆状や塊状など一見してサンゴとは気づかないような形をしたものもある。しかし、成長した形こそ千差万別でも、たくさんのポリプから成る基本的な構造はみな同じで、それぞれのポリプの中央には口があって餌を摂取し、成熟するとそこから卵や精子を放出する。多くの種では繁殖は年に一度だけで、同じ地域の同じ種は同じ日にいっせいに放卵放精し、その様子はニュースでもよく紹介されている。

サンゴ群体にとって、できるだけ多くの卵や精子を作るうえでやるべきことは二つある。ひとつはそれぞれのポリプができるだけ多くの卵や精子を作ることで、もうひとつは新たなポリプを作ることである。ポリプを作るには卵や精子を作るための資源を回す必要があるが、新しいポリプができれば餌を採る口が増えて、成長速度はそれだけ速くなり、やがては新しいポリプでも卵や精子が作られる。サンゴは、卵や精子を作るかポリプを作るかというこの選択をどうやって決めているのだろうか。沖縄美《ちゅ》ら海《うみ》水族館に勤める甲斐清香《さやか》さんは、琉球大学瀬底実験所の大学院生時代に、このテーマに取り組んだ。

甲斐さんが研究対象にしたのは、塊状に成長するパリカメノコキクメイシ(以下、パリとする)だった。パリは潮間帯や浅い海中に生息し(イラスト)、それぞれのポリプは比較的大きいが、群体全体としてはそれほど大型にはならず、直径五〇センチメートルを超すことはまず

ない。パリがすんでいるあたりは物理的、生物的な撹乱作用が大きく、せっかく増えたポリプが壊されたり死んだりすることがよくある。パリは何かを基準にして現在の自分の状況を知り、ポリプを増やすか繁殖するか決めているにちがいない。

そこで、実験所近くから採ってきた大きなパリを砕いてバラバラにし、ポリプ一個だけの単離サンゴと、ポリプ五〜八個からなる小サンゴをいくつも作り、石灰岩のプレートに埋め込んで水槽に沈めておいた。パリはもともと撹乱の多い環境にいるために、こうした少し手荒な操作をしても死なずにうまく生き延びてくれるので、実験には都合がいい。水槽内の位置によって水流や日照などに違いが生じるのを避けるために、ときどき置き場所を交換しながら飼育を続けて、実験開始から二年目の繁殖期を迎えたとき、生き残っていたパリは卵と精子を放出した。このときまでにパリは順調に成長して、ポリプ一個の単離サンゴは七個前後のポリプからなる小サンゴになり、数個からなる小サンゴはポリプ数を三倍近く増やして、二〇〜三〇個のポリプをもつ中サンゴになっていた。しかし、野外にいるパリはこの程度の大きさでは繁殖を始めない。甲斐さんを指導した酒井一彦さんがかつて調べた結果では、六〇個ほどのポリプ数になってようやく繁殖を始めていた。つまり、実験に使ったパリは充分大きくなったからではなく、サイズ的にはまだ小さかったのだけれど、受精してからの時間が繁殖を始めるのに充分なほど経過したために繁殖を開始したと考えられる。

　では、サンゴはみな一定の年齢になれば繁殖を始めるのだろうか。甲斐さんはパリと並行して、近縁属のシナキクメイシ（以下、シナとする）でも同じ実験を行っていた。シナはパリとよく似た場所にすみ、外見もよく似ているが、群体全体はパリの二倍以上にも達する。実験の結果、シナは二年経ってもまったく繁殖を始めようとはしなかった。パリと異なり、シナは一定時間が経過したからといって繁殖を始めることはなく、一定の大きさになってから開始するようなのだが、どのくらいのサイズで始めるのかは飼育でも野外でもまだデータがない。パリは群体が小さくても繁殖を始めるのに対し、シナは大きくなるまで待ってから繁殖を開始するというように繁殖戦略が異なっていて、開始のタイミングの計り方もそれに合わせて異なっているのはたいへんおもしろい。

　海水の高温化による白化現象やオニヒトデによる食害など、サンゴと言えばこのところ保全ばかり取り上げられるが、サンゴの特性を生かして生物の本質に迫るこうした研究こそもっと注目されてもいいだろう。


（二〇〇九年一〇月）

豊穣の海の動物たちはどこへ

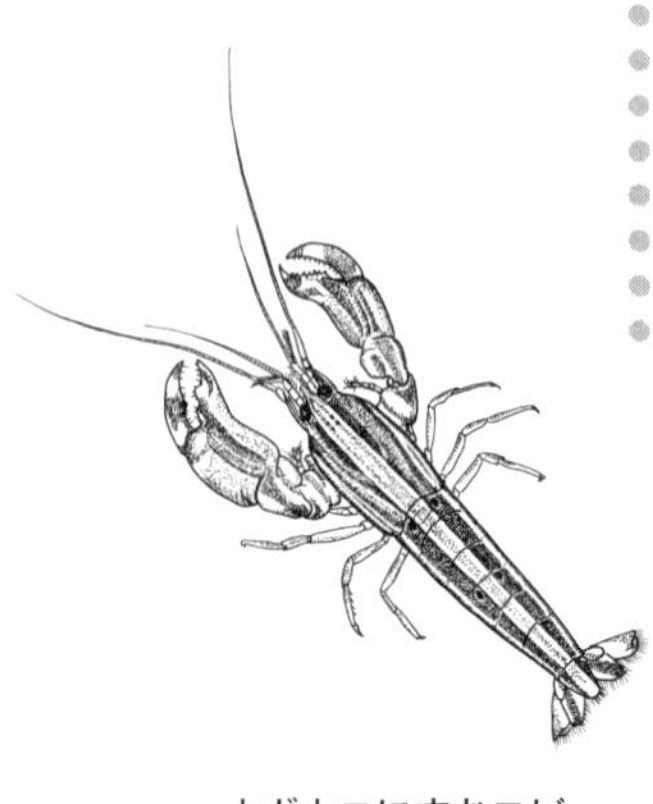

ナガウニにすむエビ

一九八〇年のある日、既に退官されてはいたが、京都大学瀬戸臨海実験所のすぐそばに居を構えておられた時岡隆先生のお宅を訪ねた。実験所の大学院生で、沖縄での野外研究を控えていたぼくは、第二次世界大戦の前にパラオにあった研究施設に勤務されていた経験をうかがいたいと思ったのだ。当時は、沖縄を含めた南日本の魚をカラー写真で紹介した最初の図鑑が出版されて間もなくで、サンゴはもちろん、沖縄の海産無脊椎動物を広く紹介した図鑑は発行されていなかった。しかし、それまでに南西諸島や沖縄の磯を何度か経験して、そこにすむ動物が慣れ親しんでいた南紀白浜の磯の動物とはまったく異なり、危険な動物も多いことは知っていたので、磯の調査で特に気をつけるべき動物を、名高い動物系統分類学者である時岡先生に教えてもらいたかったのだ。すると先生は、沖縄のサンゴ礁の地形的な特徴からまず話し始められ、波打ち際からしばらくは浅い礁池が続き、やがて少し小高くなった礁縁に達するが、そこから沖に向かうと急激に深くなることを教えられ、穏やかな礁池と波あたりの強い礁縁とではすんでいる動物がまるで違っているから、全体像を知るには両方を見なければならないと話された。そして、「礁池にはテーブル状のイシサンゴが延々と広がっているから、礁縁まで行くには、よく見て盤の中央部を踏んでいくように気をつけなさい。端を踏むとサンゴが折れて脚に怪我をするかもしれない」と続けられた。ダイビングをされなかった先生には、満潮のときに礁縁まで泳いで行くという考えはなかったし、わずかなサンゴの隙間を探して進むことは難しいだろうと思われたのだ。ぼくは、そんなことをすると踏んだ部分のサンゴが死んでしまうのではないかと心配したが、「中心部はみんなに踏まれてもともと死んでいることが多いし、イシサンゴは一年に数センチは成長するから大丈夫だよ」と先生なりの計算を話された。

当時、大阪から沖縄に行くには、費用の点から空路は選択肢に入らず、海路が当然だった。沖縄に近づくにつれて、デッキに吹く風がだんだん暖かくなるのが感じられ、トビウオが飛びながら船に並走する姿を見られるなど、海路ならではの風情があるとは言え、大阪南港から二泊三日の船旅はさすがに長い。那覇新港に着いても、調査を予定していた琉球大学瀬底実験所までの道のりはまだ遠い。国道五八号線を北に向かってゆっくり走るおんぼろバスに揺られて二時間半でようやく名護市に着き、そこでバスを乗り換えて瀬底島に渡るフェリー乗り場までまた半時間かかる。島にはわずか一〇分で着くが、そこから実験所まではもう歩くしかない。瀬底大橋もまだ架かっていなくて、島にはタクシーなどなかったのだ(それどころか、島内の車にはナンバープレートがついていなかった)。重いリュックを担いで汗だくになりながらなんとか実験所にたどり着くと、そこにはまさに時岡先生が話された通りのサンゴ礁が広がっていた。波打ち際の砂浜はまばゆいばかりに白く、どこまでが浜でどこから海が始まっているのか見分けられないほどに透き通った波が静かに打ち寄せていた。礁池へと進むと、サンゴの被度(海底面に対してサンゴが覆っている投影面積の割合)は七〇~八〇%はあるだろうかと思われた。

このときのぼくは、ウニの棘の隙間に隠れすんでいる小さなテッポウエビを調べていたのだが、何種類ものウニをたやすく見つけることができた。潮間帯の下部にはナガウニやクロウニといった棘の長いウニが、それよりもう少し深い礁池にはシラヒゲウニ、マダラウニ、ラッパウニなど棘の短いウニがたくさんいて、波当たりの強い礁縁の外側にはパイプウニを見つけることもできた。調べ始める前は、棘の長さによってすんでいるテッポウエビの種類が違っているのではないかと予想していたのだが、そうではなかった。同じように棘の長いクロウニとナガウニには、宿主のウニの色と一致したそれぞれ別のエビがすんでいた。シラヒゲウニ、マダラウニ、ラッパウニなど棘の短いウニには、ナガウニにすんでいるのと同じエビがすんでいた。クロウニにすんでいるはずのエビもほんの少し見つかったので、彼らは棘の短いウニを嫌っているのではなく、ナガウニの数がクロウニを圧倒しているのと同じように、棘の短いウニにやってくるエビの数もナガウニ派が圧倒しているのだろう。そして、ナガウニで見つけたエビは大型個体だけが成熟していて、雌は何百という卵を持っていたのに対して、棘の短いウニにいたエビは同じ種なのに、わずか数卵しか持たないごく小さな雌でも成熟していた。棘の短いウニに定着したエビは、成長すると棘の隙間に隠れきれなくなって魚についばまれてしまうので、大きなのはいない。そういう、自分よりも大きくて強い仲間がいない環境では、エビはたとえ小さくても成熟する。一方、棘が長いウニには大きなエビが生き残っていて、小さなエビの成熟が抑制されているのだろう。つまり、エビの成熟はからだのサイズによって決まっているのではなく、社会的な状況に合わせて変化していて、結果的にウニの棘の長さがそこにすむエビの繁殖様式を支配していると言える。

あれから三〇年の時が過ぎ、瀬底の海は似て非なるものへと姿を変えた。オニヒトデによる食害や赤土流失の影響を受けて、サンゴの被度はどんどん低下し、一九九八年の高水温でついには壊滅状態になった。今では多少回復しているものの、被度は一〇~二〇%程度にとどまっていると思われ、トゲサンゴなどまったく見かけなくなった種もある。雨が降ったり風が強く吹いたりするたびに海は濁り、透明度は往時と比ぶべくもない。純白だった砂浜にはうっすらと赤土が積もって、少し赤茶けて見える。では、ウニはもういなくなったのかと言えば、そうではない。すっかり少なくはなってしまったが、探せばあの頃と同じメンバーを見ることができる。チョウチョウウオやスズメダイなど、サンゴ礁の魚も同じで、見かけなくなったわけではないが数がずっと減ってしまった。サンゴの被度の消長と動物の数の多さとが足並みを揃えて変動しているかに思える。かつて豊かだった海の動物たちは、今や細々と生き延びている状態だ。ここでなんとかきれいな海を取り戻す努力をしなければ、次の世代の人たちはぼくたちが見たのと同じだけ多様な動物を見ることはもうできなくなってしまうかもしれない。

（二〇一三年七月）

5 夢に見た臨海実習

夢の臨海実習

沖縄には台風がよくやってくる。それは毎年のことなのだが、ここ二年ばかりは、来てほしくないときに限って計ったようにやってきた。一昨年（二〇〇四年）の七月には沖縄で国際サンゴ礁学会が開催された。ぼくは講義の関係で本会議には出席できなかったのだが、中京大学の桑村哲生《てつお》さんが中心になって企画したサンゴ礁魚類に関するサテライト集会を楽しみにしていた。サテライト集会はサンゴが豊かな渡嘉敷島《とかしきじま》で開催し、朝はみんなで海に潜って魚を観察し、午後からは参加者たちの研究発表を聞こうという段取りになっていた。ところが、前々日あたりから台風が接近して波が高くなってきた。渡嘉敷島に渡る船が出るのかどうか怪しくなってきたので、万が一渡れない場合は沖縄島北部の琉球大学瀬底実験所で開催するしかないと考えて、前日から急遽その準備も進めることにした。当日の朝、船が出る泊

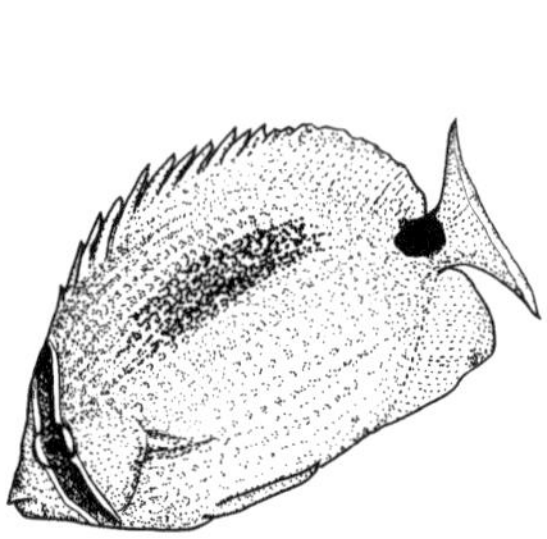

スミツキトノサマダイ

港に行ってみると案の定欠航していて、大勢の観光客が欠航の掲示板を見つめて途方に暮れている。きれいな海で潜り、魚の話をしようと期待して集まってきた参加者たちも、その中に混じってやはり茫然としていた。日本人はたいてい顔見知りだったが、外国からの参加者には会ったことのない人もいたので、それらしい人に手当り次第に声をかけてなんとか全参加者を確認し、車に分乗して瀬底島に向かってもらった。

昨年は、やはり渡嘉敷島で開く予定だった公開臨海実習の直前に台風が発生し、中止せざるを得なくなった。日程を短縮してでも実施したかったのだが、ちょうど中日《なかび》あたりに最接近するという予報でどうにもならなかった。結果的には、もし実施していれば、ちょうど島に渡ったところで船が止まり、宿舎にこもったままで台風の通過を待ち、そして最終日によ うやく航路が再開されて何もしないままに戻ってくるという最悪の経過をたどるところだった。

公開臨海実習というのは、旧国立大学の理学部系臨海実験所が主催して毎年開かれるもので、他大学の学生も参加することができる。私立や公立大学の学生が参加するには、実習費用の実費以外に主催大学に対して受講料を納める必要があるのだが、最近ではそういった実習生も増えてきている。

ぼくが講師を担当しているのは、瀬底実験所の酒井一彦さんが企画している実習である。この実習は、もともとは瀬底実験所で実施していた。それが、ここ数年は渡嘉敷に舞台を移すことになったのには訳がある。瀬底のサンゴが激減し、海水が濁って魚の潜水観察も難しくなったからである。それでも瀬底で実施しようと思えば、できないことはない。サンゴを見たこともない本土からの学生は、わずかに残ったサンゴを見てもきっと感激するだろうし、魚をうまく観察できないのは濁りのせいではなくて自分たちの技術が未熟なせいだと思うだろう。けれども、それでは亜熱帯の多様な生物群集に触れてもらうという実習の趣旨にかなわないばかりか、高い旅費を払って沖縄までやってくる実習生たちに申し訳がない。さらに言えば、そんなのを見せながら「亜熱帯の海は生物の多様性が高い」などと講義をするのは、生態学者としては詐欺まがいの罪悪感すら覚える。

とはいえ、設備の整った実験所を離れて実習を行うのはなかなか骨が折れる。渡嘉敷島では、「国立沖縄青年の家」の施設を利用して実習を行っている。ここは、宿泊代は食費しかかからないし、会議室を使って実習のデータ処理もできる。けれども青年の家は臨海実習のための施設ではないから、顕微鏡など必要な機材はすべて瀬底から車で運ばないといけない。野外活動の時間や食事の時間なども他の利用者と合わせないといけないので、実習スケジュールの方をそれに合わせて調節することになる。

ぼくたちの実習では、サポートしてくれる大学院生がたくさん必要で、それぞれの研究を一時中断して渡嘉敷に向かい、補助してもらっている。サポートを必要とするのは、すべての実習生が実際に海に潜ってデータを取るからである。たとえば、事前に海から採ってきておいた生物を使って実験したり、スケッチしたりといった内容の実習なら、一人の教員が一〇人以上の受講生を指導することだって難しくない。けれども、実習生を海に出すには、まず一人ひとりのスキルをチェックし、少人数のグループに分けて指導者と一緒に潜るということでなければ安全を確保できない。それを少数の教員だけでこなすことはとうてい無理なのである。

指導する側もこのようにたいへんなのだが、海に潜ってデータを取るなどという経験のほとんどない実習生たちにとってもなかなかたいへんな実習である。実験室とは勝手が違って、野外ではなかなか思うようには課題をこなせない。そこで、なんとか実習生のモティベーションを高めようと工夫も凝らしている。いくつか用意した課題の中から好きなテーマを選んでもらい、同じ課題を選んだ実習生でチームを組む。最終日にはチームごとに成果を発表し、指導陣は全員の前でそれを講評するのである。けれども、これまでは熱意があってもスキルが伴わなかったり、海況がよくなかったりして思うような結果が出ないこともあった。そんなとき役に立つのがデジタルビデオ／カメラで、最近はサポート役の院生が調査対象のサンゴを接写したり、魚の行動をビデオ撮影し

たりして、重要なポイントを押さえ、実習生の失敗を最小限にとどめている。

ぼくがこんな実習をやりたいと思ったのは、和歌山県の白浜町にある京都大学の瀬戸臨海実験所で過ごした学生時代にさかのぼる。当時の京都大学では四部あった臨海実習の最後の部は、教員が提案するいくつかの課題の中から各自がひとつを選ぶ形式で、それがたいへん楽しくて夢中になった。一方、実験所では他の多くの大学も実習を行っていたが、「磯観察」と称して一日だけ野外に出る以外は発生学や生理学の実験を室内で行うのがありがちなパターンだった。そういう実験もたいせつなことはわかるのだが、わざわざ海までやって来なければどうしてもできないものなのかということにはどうにも疑問を感じ、「もし自分が臨海実習を指導することになれば、海に来なければ絶対にできないというものをやりたい」と思ったものだった。

つまり、沖縄でやっている臨海実習は、さまざまな困難にもかかわらず、ぼくにとっては学生時代からの思いを実現させた、まさしく「夢の臨海実習」なのである。

今年(二〇〇六年)も五月には瀬底実験所のホームページに「公開臨海実習実施」の知らせが載ることになるだろう。けれども、ここ二年ほどで渡嘉敷のサンゴもずいぶんとオニヒトデに食い荒らされてしまった。はたして、夢の実習はいつまで続けられるのだろうか。

(二〇〇六年四月)

油壺のアメリカ流磯観察

クモガタウミウシ

四月のある土曜日に、友人のカート・G・フィードラーに連れられて、三浦半島の油壺に磯観察に出かけた。アメリカ人のカートが日本人であるぼくを案内するのはなんだか逆のような話だが、関西で学生時代を過ごしたぼくが関東の磯をまるで知らないのに、彼は学生を連れて毎年何度か訪れているから、これで不思議はないのである。

カートに初めて会ったのは、一九九五年にハワイで開かれた国際動物行動学会議のときだった。当時の彼はハワイ大学の大学院生で、ぼくのことは論文を通じて知っていた。マニアと言えるほど甲殻類が好きなカートは、モエビの仲間が性転換することを研究していて、ぼくの書いたテッポウエビの性転換の論文を読んでいた。ぼくの論文が記憶に値するほど優れていたかどうかはともかく、そんなことを研究している人はめったにいないから、ぜひ会いたいと思っていたのだそうである。その頃のぼくは既に甲殻類研究から離れて、海にすむハゼの仲間の性転換を研究していたのだが、そんなことには関係なく意気投合して、ハワイ大学の臨海実験所を案内してもらうなど親切にしてもらった。彼は、ハワイ大学で学位を得たのちに琉球大学の研究員を二年間ほど勤めて、今は神奈川にすんでいる。

カートの現在の仕事は、米軍基地内にあるメリーランド大学の常勤講師である。基地内大学というのは、大学とは名ばかりで小さなオフィスと教室があるにすぎず、研究室はもちろん決まった机もないから、ふつうの大学でいえば非常勤講師のような恵まれないポジションである。しかも、講義はひとつの基地だけでなくあちこちの基地で開講されていて、彼も座間や横須賀など複数の教室で教えている。教える対象は軍人とその家族が主で、いつ異動があるかわからない学生たちの便宜のために、一回の講義時間を長くする代わりに授業の回数を減らして、短期間で単位が取れるようになっているらしい。カートが担当している講義のひとつが「海洋生物学」で、週に二回の講義と、（必修ではなく選択科目として）一回の実習を行っている。その実習で油壺に行くので、一緒に行かないかと誘ってくれたのである。ぼくは初めて見る関東の磯の動物や海藻にもたいへん関心があったが、それ以上にカートの行うアメリカ流の実習にも興味があったので、喜んで招きに応じた。

実習に参加したのは八名で、彼らはその二週間前にも同じ場所に来て、よく見られる生き物の名前をカートから教えてもらっている。油壺のバス停に着くと、カートはまず一人ずつていねいにコメントしながら前回の実習のレポートを返し、そして、既に講義中に説明してある今日の調査のやり方を確認した。今日やるのは、前回学んだ生き物が磯のどのあたりに多く見られるのかを調べる実習である。磯は海と陸との狭間にあって、一日二回の潮の満干の影響を大きく受ける。どんなに潮が引いても決して干上がることのない場所から、どんなに満ちても海水に浸かることはなく、ときどき波しぶきを被るだけの場所までが短い距離の間に連なっている。海水との関わりの深さによって、どんな生物がその場所にすめるかが決まってくるので、その関係を調べようというわけである。こうした実習はどこの大学でもやっているいわば定番で、手順もほぼ決まっている。まずは磯の高い位置から低い位置まで長い巻尺を張り、次に一定の間隔でコドラートと呼ばれる正方形の枠を置いて、枠の中に出てきたすべての動植物を数えるのである。カイメンなど群体性の動物やアオサなどの海藻のように何匹とか何本とは数えられないものは、その生物が枠の中のおよそ何パーセントくらいの面積を占めていたかを測ることになる。

日本の大学の実習なら、磯に着くと「さあ、さっそく調査を始めましょう」となるところだが、アメリカ人の学生たちはそうはせず、四人ずつのチームに分かれて何やら話し合いを始めた。何を言っているのかと聞き耳を立てると、「海藻はどう分ける？　茶色いのは少なくとも二種類あるようだけど、分けるのは難しいかな」とか、「魚はどうする？　出てきてもすぐに動いてどこかに行ってしまうから、数えられないかも」などと相談している。どうやらおおまかなやり方は決められているものの、細かい点は学生どうしで決めることになっているらしい。これでは、チームごとにやり方が違ったりするから厳密な比較は難しいが、学生の参加意識は高まるだろう。日本式だと教員が細かいやり方まで決めて指示するから厳密な比較ができるが、調査は機械的な作業になる。カートに、「アメリカの大学はみなこんなやり方なのか」と聞いてみたところ、「必ずしもそうではないが、この大学の学生たちは軍人が主なので、いつもとは逆に、命令に従うのではなく自分たちで考えることを重視してやらせている」とのことだった。けれども、ぼくにはそれが特殊な大学ゆえの特殊な方法ではなく、科学を教えるとはそういうことではないのかという気がした。

誰が何を数えるか、そして誰が記録するかなどの役割分担まで決めて打合せを終えると、学生たちは手際よく調査を始めた。中にはダイビングが趣味という生き物好きの学生もいたが、日本人に比べると海の生き物についての知識は概してそれほど豊富ではない。それで、自分たちの知識を総動員しても見当のつかない生き物が現れると先生に聞きに行くことになるが、そうでない限りは黙々と数えている。彼らのこの態度は実習に対する熱意の表れでも

あるのだろうが、磯の生き物を食物としてとらえることがなく、ただ調査対象の珍しい生き物として見ていることとの反映でもあるようだった。つまり、日本人学生なら必ず発する「これは食べられますか」という質問がまったく出ないのである。前回の実習中には大きなタコが出てきたのに、誰一人捕らえようとはしなかったそうである。カートはといえば、学生たちとは離れて、自分が好きな甲殻類探しに熱中していて、ときどきぼくのところにやってきては「こんな大きなイソヘラムシが採れたよ」などと上機嫌で、むしろ先生のほうがピクニック気分のようだった。

日米の実習のやり方や文化の違いに触れたことに加えて、大学院時代に親しんだ紀州白浜の磯にいた懐かしい生き物たちと久しぶりに出会えて、ぼくはすっかり満足した。関東の磯の生物と南日本の磯の生物がこれほどまでそっくりだとは思わなかった。ただ、ウミウシは見つからなかったなあと思っていると、実習が終わる頃に一人の学生が海の中にざぶざぶ入って行って、「ほら、これを探していたんだろう」と二匹のクモガタウミウシを採ってきてくれた。それは目当ての種ではなかったのだが、彼の親切心を傷つけるようでそうとは言えず、しばらくの間そのウミウシを観察する振りをしたのだった。

（二〇〇七年八月）

楽しい下田実習

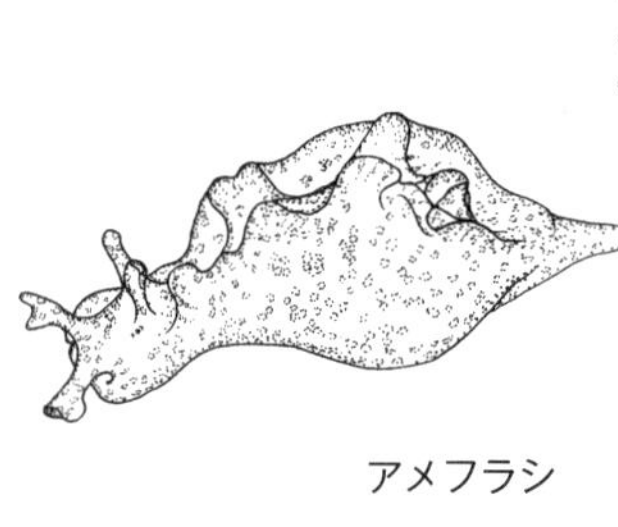

アメフラシ

伊豆の下田には二つの臨海実験所がある。ひとつは伊豆急下田駅から南西二キロほどの鍋田湾奥にある筑波大学の臨海実験センターで、もうひとつは駅から南東数キロの須崎の御用邸を越えてまだ先の爪木崎にある日本大学の下田実験所である。筑波大学の実験所は開設以来七〇年を越え、海洋生物学関係者にはよく知られているが、日本大学の実験所は下田に移転してからまだ三〇年ほどと歴史が浅く、ぼくも日本大学経済学部に着任するまではその存在を知らなかった。着任後は研究会などで何度か利用させてもらったものの、滞在時間や季節の関係で磯の生物を詳しく見る機会はなく、一度じっくり磯を見て歩いて、最近研究対象にしているウミウシでも探してみたいと思っていた。そんなとき、懇意にしている生物資源科学部の朝比奈さんから「五月に一年生向けの実習を下田でやるので、一緒にいかがですか」と誘われた。実習なら大勢の学生が磯で生き物を探すからぼく一人で探すよりも効率がいいし、いったいどんな実習をやっているのかにも興味があったので、連れて行ってもらうことにした。

ぼくは磯観察や臨海実習の指導が好きで、これまでにさまざまな大学の実習に参加した経験があるが、一年生を対象とした実習は初めてだった。しかも、一年生といっても入学してまだ一カ月ほど経っただけだから高校生とたいして違わない。行く前に実習の概要を教えてもらうと、磯観察やプランクトン観察、乗船実習といったオーソドックスな課題に加えて、磯釣りをするとかボートを漕ぐといった楽しげな課題が並んでいた。臨海実習とフレッシュマン・キャンプとを兼用していると考えればこんなものかなと思ったのだが、実際には学生にとってはけっこうタフな実習だった。

初日は朝から藤沢のキャンパスに集合して、チャーターバスで下田に向かうことになっていた。途中で湘南の海が見えて来ると、もうそれだけで実習生たちは大喜びで歓声を上げている。天候にも恵まれ、穏やかな海に光がきらきらと反射するのが車窓から見えてたいへん気持ちよく、ぼくもわくわくしてちょっとした高揚感を覚えた。途中でコンビニに寄って昼食の弁当を買い、それを車中で食べると間もなく実験所に着いた。この日は午後早くに最干潮となるので、急いで準備して磯に行かないと潮が満ちてきてしまう。実習生を急かして濡れてもいい服に着替えさせ、実験室に集まると、もう既にバケツやたも網、磯がねといった

「磯観察セット」が実験所の職員によって班ごとに用意されていた。

説明もそこそこにして磯に向かうと、そこで最初の驚きがあった。実習生たちは「動くもの」しか動物と思わないようで、フジツボやカイメンを指して「これも動物なんだよ」と教えても、まるで関心がなく素通りしてしまう。それどころか、のろのろとしか動かないものも好みではないようで、あとでスケッチするために貝やナマコをバケツで持ち帰ろうとする者は数えるほどしかいない。それでたまらずにアメフラシを手に取って、「外から貝殻は見えないけれど、これは巻貝の仲間だよ」と言うと、「え、それって動物ですか？　動かないから海藻かと思ってました」と予想外の答えが返ってきた。貝と思われないのは仕方ないにしても、動物の仲間にも入れてもらえないのではアメフラシがかわいそうである。反対に人気があるのは動きの速い魚や甲殻類で、重い岩を動かしたり、二人で挟み撃ちにしたりして何とか捕まえようとするが、相手の方が上手《うわて》でなかなか捕まらない。とくに、大きな魚を見つけるとなんとしても捕まえたくなるようで、「それは危ないよ」と言ったにもかかわらず、とうとうウツボを捕まえて満足顔をしている。実習の課題のことはもう頭の隅っこにもない。けれども、磯遊びなどしたことがない学生が大半なので、これも貴重な経験にちがいない。

実験室に帰ってスケッチを始めると、みなしきりに携帯電話のカメラで動物を写している。自分の採ったものを記念に写しているのかと思うとそうではなく、画像を見てスケッチを描いていた。確かに実物は立体的で描きにくいが、画像なら二次元だからなぞればいいだけである。ぼくも最初は実物を見るように注意していたが、あまりに多くの学生がやるので、これが最近のやり方かと納得することにした。むしろ、こういう便利な物をみんなが持っていることを前提にした教え方を考えるべきなのかもしれない。

二日目は、実習生は二手に分かれて、一方が海洋観測や船釣りの乗船実習、他方が磯釣りで、午前と午後で交替することになっていた。釣りの準備は各自でやる手はずなのだが、釣りをしたことのない学生もたくさんいて、これがけっこう難業だった。竿にリールを取り付けて道糸《みちいと》をガイドに通し、その先により戻しをつけてハリス付きの針を結ぶだけなのに、それがなかなかできない。四人来ているティーチング・アシスタント（TA）たちは、うまくできない学生の面倒を見るのに大わらわである。磯に出ても、針が根がかりしてはTAを呼び、リールの操作を誤って道糸が絡んでは助けを求める。中には、浮きの位置をどうやって調節するかわからずに、浮き下数十センチでもう針がついている者もいた。本当は、ここで釣った魚を夜に解剖することになっていたのだが、これでは釣りになるはずもなく、解剖用にはアジを買ってくることになった。

二日目の午後から降り出した雨が降り続いたので、三日目は室内でプランクトンやウニの発生を顕微鏡観察することになった。釣りでさえ、ちょっと釣れないとすぐに飽きてしまう学生にとって、こういう作業は苦手である。昼前にはもううんざりした顔になっていた。すると、運良く雨は次第に小降りになり、夕方からはボート漕ぎができることになった。学生たちは大はしゃぎだが、実はボートを漕いだ経験もなく、ちょっと揺れるとすぐに立ち上がろうとしてTAに「危ないから立つな」と注意され、オールを握ってもどっちに進むのかよくわからずに、ボートどうしをよく衝突させている。実はここでボート実習をやるのには、数年前までは重要な理由があった。実習船が着岸できる栈橋がなく、船までボートで渡らないといけなかったのである。その後、文部科学省のオープンリサーチセンター整備計画による補助を受け、今では栈橋もできたし実習室の設備もすばらしく立派になっている。けれども、こんなに生活体験の希薄な学生たちが入学してくるのでは、ボート実習を続ける意味は充分にあるだろう。

最後の夜に学生たちを集めて実習の感想を聞くと、口々に「友達ができてよかった」と言い、実習内容に触れる者はわずかだった。教員もTAもあんなにがんばったのに、この感想は拍子抜けにも感じたが、何年か後には彼らも今回のTAたちのようにてきぱきと実習準備をこなせるまでになることを思うと、大学の教育もまんざらではないのだろう。

（二〇〇八年八月）

6 博物館の光と陰

ヒトはなぜ水族館に行くのか？

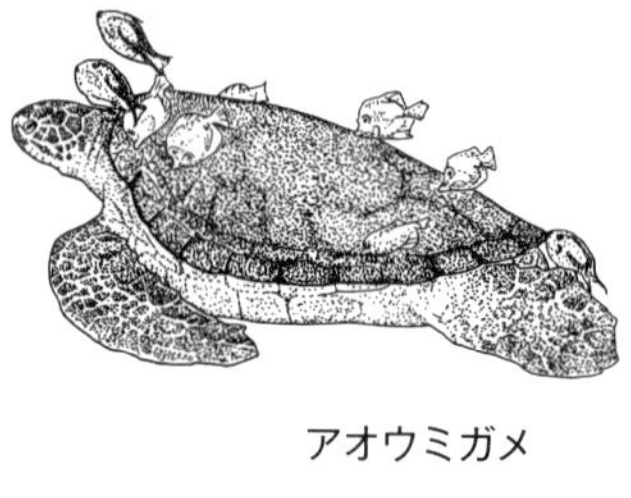

アオウミガメ

ぼくは水族館がとても好きだ。国内でも海外でも、学会や野外調査に出かけた先に水族館があれば、多少無理をしてでも必ず見に行くことにしている。気に入れば同じ館に何度も出かけるが、期待はずれだと、その館ばかりでなくその土地までもが色褪せて見えて、もう二度と訪れたくなくなってしまう。水族館好きは今に始まったことではなく、はるか昔からだったらしい。小学校の遠足で出かけた水族館で夢中になって一人取り残され、人数が足りないことに気づいた先生に慌てて迎えに来られたこともあるのだが、そのときは同級生たちがとっくに館内にいなくなっていたことにさえ気づいていなかった。

けれども、水族館が好きなのは何もぼくだけでない。一般に日本人はたいへんな水族館好きで、日本各地に合わせて七〇館以上もあって、世界で水族館密度が一番高い国なのだそうである。

いったい水族館のどこにそんな魅力があるのだろうか。もちろん、魚を見るのが楽しいということがまずあるのだろう。どうやら日本人は、水族館の前にまず魚そのものが好きなようである。一九七三年から九三年まで、美しい写真がたくさん掲載された『アニマ』という月刊の動物雑誌が出ていたのだが、魚(とくに淡水魚)の特集をすると必ずと言っていいほど売れ行きがよかったそうで、確かにそういう号のバックナンバーはすぐに品切れになっていた。これは、提携していたドイツやアメリカの動物雑誌とは対照的で、そうした雑誌では魚の特集号は逆に売れ行きが落ちるということだった。さらに、水族館にはペンギンやラッコ、アザラシなどといった魚よりももっと人気の高い動物たちもいる。アシカやイルカ、シャチなどのショウを見せる館も多いが、どこの国でもそういったことをやっているのかと言うとそうではない。アメリカなどでは、水族館はせいぜい餌やりの様子を見せているくらいで、ショウは水族館ではなく遊園地のような施設で見せていることがふつうである。また、魚の展示方法にも国によって違いがある。たとえばヨーロッパの水族館では、淡水魚はさまざまな水草をふんだんに取り入れてまるで庭園か絵画のような雰囲気で見せていることがよくあり、魚は陰に隠れてよく見えないくらいである。これは、魚を見たがる日本人にはそれほど喜ばれないだろう。

しかし、水族館の魅力は魚やペンギンを見ることだけにとどまらない。あのひんやりとして少し薄暗い独特の雰囲気にひたること自体がなんとも魅力的なのだ。その魅力をずばり表したのが、作家・漫画家の内田春菊さんの『水族館行こ　ミーンズ　I LOVE YOU』（角川文庫、二〇〇二）という本だろう。この本は内田さんが七年あまりをかけて日本全国の主立った水族館（約五〇館）をめぐり、きわめて主観的な視点からそれぞれの館を紹介するという内容なのだが、内容にもましてそのタイトルが秀逸である。そう、水族館はデートスポットとしても、うってつけの場所なのである。明るい日差しの下での動物園デートも楽しいだろうが、動物園は広すぎて歩き疲れてしまうし、ときには雰囲気を壊す、いただけないにおいが漂ってくることもある。それに、二人の世界に侵入する周囲の視線も気になるかもしれない。けれども、水族館ならそのいずれにもわずらわされないし、天候に左右されることすらない。

これだけなら映画館でも同じようなものだが、映画館ではデート中の二人であっても鑑賞中は互いに沈黙を守って一人の世界に入らないといけないのに対して、水族館なら言葉に詰まったときでも目の前の魚をネタにいくらでも語り合うことができる。どうも、動物園や水族館では、子どもやパートナーに対して何かと感想や蘊蓄を語りたくなるようで、耳をそばだてていると実におもしろい会話が聞ける。水族館でありがちなのは見ている魚の味についての感想で、「おい、あの大きな魚うまそうだな」「そうかしら、大きいだけでおいしくなさそうよ」「どうして」「だって、なんだか生きが悪そうじゃない」（元気はないにしても、泳いでいるのだから、生きはいいはず）などと勝手なことを言い合っている。ついでに言うと、子どもにとっては、魚はどれもみな似たように見えるらしく、たいていは親の言うことなど何も聞いちゃいないように思える。その意味でも、水族館はおとな向けの施設なのである。

ここまでだと、水族館は実にすばらしい施設に思えるが、残念ながら暗い陰もある。その第一は、水族館は典型的な「箱もの」施設であって、開館当初は最新の設備を誇っても、いずれは古びるとともに魅力を失い、しかもその衰退を食い止める術がほとんどないという点である。動物園なら、檻の中に入れた動物を単純に見せるだけだから、一部を改築して最近はやりの生態展示に徐々に変えていくことができるが、水族館ではそうはいかない。館全体がひとつのシステムになっているから、変えるとすれば取り壊して建て替えるしかないのである。たとえば、古色蒼然としていた江ノ島水族館は、建て替えられて新江ノ島水族館になると魅力がよみがえった。その一方で、古びて人気のなくなった館はいくつもある。

第二の弱点は、水族館の動物たちが「使い捨て」だということである。もちろん、水族館でもペンギンなど繁殖に成功している動物はいるし、動物園でもすべての動物が園内で繁殖して「リサイクル」を果たしているわけではない。しかし、水族館の魚や無脊椎動物は基本的に野外から採集してきて見せているのであって、その意味では希少動物の維持に貢献しているわけではない。

しかし、水族館の中には公的な資金を投入して作られた館も少なくないから、単に楽しみを提供すればいいというわけではなく、こうした弱点を補ってあまりある何らかの社会的な貢献を果たすべきではないだろうか。ぼくたちがお世話になっている沖縄の美ら《ちゅ》海《うみ》水族館など、研究活動のサポートをしている館もあるが、それだけではごく限られた人だけが恩恵を受けるにとどまるので、充分とは言えないだろう。

かつてまだ海洋生物が珍しかった頃には、主な国立大学の臨海実験所には付属水族館があって、「海にはこんな生物がいますよ」ということを啓蒙する役割を果たしていた。けれども、今では既にそうした普及活動は必要なくなり、付属水族館もほとんど姿を消してしまった。では、水族館はもう啓蒙の役割を果たさなくてもよくなったのだろうか。そうではなく、伝えるべき内容が変化しただけなのだ。そうした活動を積極的に行っている例がカリフォルニアのモントレー水族館である（五〇ページ）。ここには人気のラッコもいるし、展示方法もすばらしく、ギフトショップの商品もオリジナリティーに富んでいるのだが、それだけにはとどまらない。数年前に訪れたときは、海底に残された漁具の破片が生き物に与える影響を警告する展示を行い、キャンペーン用のピンバッジを配っていた。最近では、カリフォルニアの他の館とも連携して、魚や甲殻類などの漁獲対象生物の中でどれが危機に瀕し、どれならまだ余裕があるかを色分けして知らせる「シーフード・ウォッチ」という小冊子を配っている。日本の水族館がこんな活動をする日は来るのだろうか。

（二〇〇六年二月）

栄光のフランス博物学は彼方

昨年（二〇〇六年）の夏、フランスの地方都市で開催された国際会議に出席した帰りに、パリのオステルリッツ駅にほど近い国立自然史博物館に寄った。二一年に渡る閉鎖の後にリニューアルオープンしたばかりの水族館（シネアクア）に行こうかとも考えたのだが、映像（実はアニメフィルムらしい）と水族館の合体というコンセプトがあまり魅力的でなかった。生きた動物が見られるから水族館はおもしろいのであって、映像なら自宅でも見られると思ったからである。それにしても、この二〇年以上もパリ市内にまともな水族館がなかったというのは驚くべきことである。

自然史博物館はいくつかの建物からなり、そのひとつの動物学館は最近全面改装されて、進化大陳列館という名に変わっている。行ってみると、ちょうど「ドラゴン――その科学と

イグアノドン

創作」という特別展をやっていた。これは期待できそうだ。さっそく一二〇〇円ほどの入場料を払って入ってみると、中は空調が効いていて、荷物を預かってくれるクロークもある。特別展は地下で開催していて、美術館によくあるような解説用ヘッドフォンを入り口で渡された。英語とフランス語を選べるので便利である。最初の展示は、大きな世界地図上に各地に伝わるドラゴンの姿を描いたもので、ヨーロッパ、アジアから南米に至るあちこちでドラゴン伝説があることがわかるのだが、東洋のドラゴン（龍）に親しんだぼくには、とうていドラゴンには思えない姿のものもあった。中でも目立つ違いは、背中にコウモリのような翼がある（西洋）か、ない（東洋）かだろう（イラスト）。

続いては、各所に配置された液晶モニタを使って、ドラゴンにちなんだ各地の祭りやドラゴンが登場するアニメーションを紹介していた。

ドラゴン伝説の紹介と並んで力が入っていたのは、ドラゴン像がいかに作られてきたかの解明だった。ドラゴン実在の証拠品の数々が、実は現存の動物の骨や恐竜の化石の一部であることを明かし、ドラゴンの姿がさまざまな動物のからだの部分の寄せ集めからなることを大型模型によって示していた。もっとも、その模型というのは、ドラゴンが現実の動物にもとづいて想像されたことを強調しようとするあまり、でき上がった全体像はドラゴンというよりもむしろ奇妙なキメラのようになってしまっていた。それがおもしろかったので写真に収めようとしたところ、警備員に阻止された。フラッシュがいけないとかではなく、撮影自体が禁止されているらしい。

特別展を見終えて一階に上ると、出口でヘッドフォンを回収された。常設展には音声解説がないのだ。常設展が展示されている地上部分は四層構造で、二階から上は中央が吹き抜けになっている。そして、その二階中央には実物大の大型哺乳類模型がぎっしり並んでいた。これが一番の売り物らしく、パンフレットにも載っていたし、三階や四階からもよく見える。模型は型をとってプラスティックで作ったもので、作り方も誇らしげに解説されていた。これなら剝製と違って、色が褪せたり毛が抜けたりせずに長い期間展示できるだろう。入場者の反応もおおむね満足そうで、模型をバックに家族写真を撮っている人たちもいた（常設展は写真撮影が許されている）。けれども、この展示が何を伝えたいのかはぼくにはまったく理解できなかった。いかに最新の技法であるとはいえ、所詮は「高級ハリボテ」である。実際に生きて動いている動物の魅力にはとうていかなわない。しかも、（近々移転するようだが）すぐ隣には動物園があって、たくさんの動物が飼育されているのだから、ゾウやキリンやライオンを見たければ、そちらに行けばいいようなものなのだ。確かにさまざまな種の大型動物がぎっしりと並んでいるところなど、動物園でも野外でも見ることはできないから、その意味では圧巻である。しかし、それだけのことならCGを使えばもっと迫力ある仮構の世界を見せることができるだろう。こういう模型技術は、既に絶滅してしまった動物の姿を再現するために使われてこそ意味があるというのが、正直な印象である。上階の壁沿いに延々と並んでいる展示も、大半はただ所蔵標本をずらりと並べているに過ぎないように見えて、ほとんど感銘を受けなかった。

見終えて、がっかりした。これなら改装なんかしない方がよかった。そう考えていて、ふと思い出した。そうだ、隣には改装していない古生物館があったじゃないか。

五分も歩くと、目当ての建物にたどり着いた。見かけは進化大陳列館にそれほど見劣りしない。しかし、入ってみると両者の違いは歴然だった。古生物館には空調設備がなく、荷物を預かってくれるクロークもなかった。仕方がないのでスーツケースを引きずりながら見て回ることにした。こんな大きな鞄の持ち込みを許可するなんて、展示品の盗難の心配はないのだろうか、という疑問はすぐに吹き飛んだ。そこで見たものは、さまざまな脊椎動物の骨格の壮大な羅列だった。しかも、骨はみなとてつもなく古く、動物名が書かれたラベルには字が消えてよく読めないものもある。これを見て楽しめる人なんて、動物学者以外にはいそうにないと思って、ギシギシと鳴る木の床を踏みしめながら意地を張って見て回ったものの、半分くらい見たところでついに挫折しそうになった。すると、数少ない入場者が集まっている一角が見えた。何かおもしろい展示でもあるのかと思って、急いで行ってみると「モンスター」の名の下に何種かの動物の奇形標本（主に二重胎児）が置かれていた。さらに気力が失せて、もう帰ろうかと思ったところに、二階に通じる階段があった（エレベーターはもちろんない）。重い荷物を手に、汗を噴き出しながら上ると、恐竜化石がいくつも展示されていた。レプリカだが、魚竜や始祖鳥もいた。有名な、イグアノドンの最初の骨格復元図もあった。これは来た甲斐があったというものだとの思いは、けれども、すぐに裏切られた。イグアノドンの復元骨格は何十年も前に考えられていた、大きなしっぽをずるずる引きずるゴジラ然とした姿に組み立てられていたのである。大型草食恐竜の復元図は、沼地にすんでいたとする伝統的な考えで描かれていた。これはあんまりだ、来なければよかった、と思いながら出口に向かうと、外は大雨になっていた。小降りになるのを待つために小さな売店に立ち寄ると、そこには最新の知識を元に、二本足で立つ姿のイグアノドンがポストカードに描かれて売られていた。博物館の展示は古色蒼然としていて、どこでも買えるポストカードに最新の知識が載っているなんて、あまりにも悲しすぎる。ジョルジュ・キュヴィエやジョフロワ・サンティレールが熱い論争を繰り広げていた時代の栄光のフランス博物学は彼方に消え去ってしまったのだろう。

（二〇〇七年四月）

博物館で進化を学ぶ

羽毛恐竜

ぼくが現在所属しているのは経済学部なのだが、経済学を教えているわけではなく、いわゆる一般教養科目としての生物学を教えている。けれども、専門外の学生たちにどうやって生物学を教えるかなど習ったことは一度もない。だから、学生たちが理解しにくい事柄、たとえば生物進化の仕組みなどを講義ではたしてうまく伝えられているのだろうかということはいつも気になっている。そういうときに参考になるのが博物館の展示である。博物館の展示は、基本的には特に予備知識を持たない一般の人を対象として作られているので、学生を教えるヒントになることがたくさんある。それで、ぼくは海外の学会の帰りなどにはできるだけ見学してくるようにしている。

二〇〇八年夏にニューヨーク州のコーネル大学での国際行動生態学会議に参加したときに

も、いくつかの博物館を見て回った。最初に訪れたのは、学会期間中のエクスカーション（オプショナル・ツアー）に組み入れられていたコーネル大学古生物学研究所附属の地球博物館（イラスト）だった。この博物館は二〇〇三年に新しく建て直されたもので、決して広くはないのだがとてもよく考えて設計されている。学校教育での校外授業の場としての利用を主な狙いのひとつとしているため、入口の前に恐竜の像が置いてあったり、入るとすぐに大きなセミクジラの骨格が吊るされていたり、羽毛恐竜の模型や復元図が何枚か飾られていたりと、小中学生の興味を引きそうな工夫が施されている。

そこからは長く緩やかなスロープを伝って地下へと降りていく。スロープの壁にはバーバラ・ペイジという画家の手による何百枚もの壁画が貼付けられている。その一枚が一〇〇万年を表し、時代ごとの地質学的なできごとを背景に、その時代の動植物が描かれているというのだが、さすがにじっくり眺める余裕はなく、それこそ数億年があっという間に目の前を通り過ぎていくことになる。けれども、壁画があることでなんとなくタイムスリップして過去へとさかのぼるような感覚を感じることはできる。このあたりの演出は博物館というよりもエンターテインメント施設のアトラクションのよう

で、さすがはショービジネスの国だと感心させられた。

地下に降りると、古いほうから順に地質時代区分ごとの化石とその説明が小さな部屋に分かれて並べられている。部屋と部屋の仕切りの柱にはちょっとした工夫があり、大量絶滅が起こったときには柱が真っ赤に塗られていてひときわ目立つようにしてあった。大量絶滅とは、そのときいた全生物の八割前後が短期間のうちに死に絶えてしまう現象のことで、古生代で三度、中生代で二度と、これまでに少なくとも五度起きている。大量絶滅が起こるのは地球の環境が大きく変動したためだが、変動の原因についてはマントル活動など地球内部の変化に求めたり、隕石の衝突や超新星からのガンマ線放射など地球外に求めたりと諸説が提唱されている。また、それぞれの絶滅の原因が同じであるかどうかも定かではない。しかし、原因には不明な点が多いとしても、その結果はいつも同じで、隆盛を誇っていた生物群が姿を消し、それまで目立たなかった生物群が代わって繁栄することになる。たとえば、中生代の二度の大量絶滅は、それぞれ恐竜の大繁栄と絶滅とに対応している。真っ赤な柱によって、来場者はこの衝撃的なできごとに自然と注目することになる。

出口付近には北アメリカにおける最近の絶滅種や絶滅危惧種の解説や剥製の展示があり、ハシジロキツツキには「生存確認」のラベルが誇らしげに貼られていたものの、剥製自体は「一時的に撤去」されていた。この北米最大のキツツキが五〇年ぶりに再発見されたとのニュースが二〇〇五年に流れたのだが、コーネル大学を中心とした研究チームによるその後の徹底的な調査では確認できなかったという混乱を反映していて、ちょっとおもしろかった。

次に訪れたのは、シカゴのフィールド博物館だった。この博物館は、「スー」と名付けられた世界最大のティラノサウルス化石を高額で購入したことでも知られているが、「スー」に限らず超大型の展示物が多いのが特徴だった。たとえば、第一次世界大戦の頃の戦闘機をいくつも天井から吊り下げたり、ユナイテッド航空が実際に使用していたジェット旅客機の内部を見せたり、といった具合で、とにかく広い博物館である。そして、その広さと所蔵標本の多さを充分に生かして、これでもかという迫力のある展示が行われている。生物の歴史のコーナーでは、やはり大量絶滅の時代がよくわかるように目立つ表示が掲げられていて、そうした表示の前後の部屋の化石や復元図を比べることで、繁栄していた動物群の変化がよくわかるようになっている。たとえば、中生代の最初の大量絶滅後の部屋には大きな恐竜化石や復元模型が何体も置かれていて、恐竜類が急激に大型化したことを容易に理解できる。

けれども、この部屋の壁にチャールズ・ナイトが描いた何枚もの大きな復元図が掛けられているのはちょっといただけない。ナイトは古代生物の復元画を専門的に描いた最初の人物として知られ、二〇世紀前半にはニューヨークやシカゴなどアメリカ各地の博物館からの依頼に応じて描いたほか、『ライフ』の図鑑シリーズの挿絵も担当していた。その独特のタッチを見て、子供のころに読んだ本の記憶が呼び覚まされ、懐かしさを感じたし、歴史的な価値があることもよくわかるのだが、現在の知識に基づいた復元図とは大きく異なるものをいまだに掛けておくのは誤解を招くような気がする。

　最後に訪れたのはサンディエゴのバルボア公園で、この公園にはいくつかの博物館や美術館が集まっている。その中で一番おもしろかったのは「ヒトの博物館」だった。この博物館は、古代エジプト、マヤ文明、ネイティブ・アメリカンの文化といった比較的新しいできごとの民族学的な展示、猿人から現代人（新人）への進化という人類学的な展示に加えて、ヒトの妊娠から出産に至るまでの母体と胎児の変化を模型によって示すなど、ヒトに関するあらゆることを扱っている。そのせいで、やや雑多な印象を受けるし、一部の模型は壊れたりもしているのだが、人類進化の展示内容などはごく最近の科学的発見まで取り入れられていて、館員の意気込みが感じられた。

　アメリカでは、ブッシュ前大統領がインテリジェント・デザイン説（生命は「知性ある設計者」によって作られたとする説）への支持を表明するなど、反進化論勢力が常に存在する。それだけに、進化の事実を広く伝えたいとする館員たちの熱意は、大小問わずどの博物館でも相当なものだということがよくわかった。


（二〇〇九年二月）

博物館と美術館

シジュウカラ

ぼくは水族館や動物園はもちろん、博物館に行くのも大好きだ。まして二〇〇九年はチャールズ・ダーウィン生誕二〇〇年ということで、各地の博物館で彼自身や進化にまつわる特別展が開かれていて、たいへん楽しみな年だった。

中でも印象に残っているもののひとつが、オランダのユトレヒト大学博物館の「進化は進行中」という二〇一〇年一月末までの期間限定の展示である。この博物館があるのはユトレヒトの駅前から徒歩で一五分ほどのやや街はずれで、大きなショッピングセンターや観光スポットがある駅前は人込みにあふれているが、博物館に近づくにつれて次第に閑散としてくる。この方向に歩いて行く人たちのお目当ては、大学博物館のすぐ手前にあるミッフィーの博物館のようで、みなそこに吸い込まれていく。大学博物館まで行ったのはぼくだけで、観覧中にも誰一人やってこなかった。事前に調べて入場料が七ユーロ(約九〇〇円)とわかっていたので、そこそこの規模のものを予想していたのだが、意外に小さく、中庭の植物園込みの料金と考えてもやや割高な印象である。

特別展は二階でやっていて、フロアを薄いカーテンで四つに仕切り、四つのテーマがそれぞれに展示されていた。そのうちの三つは比較的ありがちな展示形式で、最初の部屋はジャガイモの病害が品種改良によって克服されたという内容で、各品種の写真の前のカードをめくると病害への耐性による収穫の多寡がわかるようになっていた。次の部屋はエイズウイルスに対する治療薬の効果を示したもので、ウイルスの立場から見ることになっていたのがちょっと新鮮だった。性別や年齢、職業の異なる四人のうちの一人を選んで体内に侵入すると、やがて治療薬の攻撃を受ける。このとき、一種の薬剤では効果がなくウイルスが勝利するが、何種かを複合的に使用されると増殖が抑えられる。三つ目の部屋はカバの進化で、今から一万年前に四つの地域で繁栄していたものが、地域によっては餌不足やワニの攻撃で絶滅したり、餌が少なくてからだが小型化したりしたことをパソコンのアニメーションで説明していた。

一番おもしろかったのは最後の部屋の展示で、シジュウカラの仲間では地域や種によって子育ての労力が異なることを示すものだった。この部屋にはスポーツジムにあるような二台のバイクマシン(自転車漕ぎ機)が置いてあった(イラスト)。ハンドルの間のモニタにはシジュウカラ類の写真が三枚映されていて、どれかを選ぶと画面が切り替わって階段グラフになる。グラフの高さは、ひなに与えるのに必要な期間ごとの餌の量を表していて、バイクを漕ぐことで餌を供給したことになるらしい。ひとつを選んでさっそく漕いでみると、負荷は案外軽い。最後の期間まで漕ぎ終えると、巣立ちしたひなの数がモニタに表れ、みごとにすべて巣立っていた。他に入場者がいないのをいいことに、別の鳥を選んでもう一度やってみることにした。すると、故障したのかと思うくらいペダルが重い。この鳥では餌集めが相当たいへんらしい。なりふり構わず必死で漕ぐものの、なかなか必要量に追いつけない。途中からは軽くなってなんとか最後までやりとげられたが、巣立ったひなは一羽しかいなかった。つまり、ひなが死んでしまったために、餌の必要量が減って軽く漕げるようになったということなのだ。悔しいのでもう一度挑戦したかったが、もう足がガクガクしてとても無理だった。自転車の国の大柄なオランダ人なら、展示を見る主な対象のはずの中高生でも難なくこなせるのだろうか。

　この博物館の三階は理科実験室のような作りで、それぞれの実験机の引き出しごとに実験セットや解答カードが入っていて、子ども向けの理科教室が開かれているようだった。一階には二

つの部屋があり、ひとつは一六三六年に始まるユトレヒト大学の長い歴史の中の主なできごとを紹介していた。受付のすぐ隣にあるもうひとつの部屋では、古い時代に医学部で収集したらしい、無脳症などの奇形の胎児の液浸標本や、病変のある骨格標本が特に説明もなしに雑然と陳列されていた。貴重な標本なのだろうが、ここに並べる意味がどれほどあるのだろうか。これを見て、将来科学者や医学者になろうと夢を抱く子供たちが現れるとは思えず、上階の展示に工夫があっただけに残念な気がした。

オランダでは、ライデン中央駅のすぐ近くにある国立自然史博物館にも行った。ここはさすがに規模が大きく新館と旧館があるが、展示物があるのは新館だけだった。新館は現代的で立派な建物で、中央部は吹き抜けになっていて、一階には大型の恐竜を含めて過去から最近までの化石がずらりと並び、二階には動植物の標本がぎっしり並んでいた。しかし、展示物の説明書きはわずかで、解説員もいない。ぼくは仕事柄さまざまな生物に関する知識を持っているはずだと思うのだが、それでも、すべての標本の価値がわかるはずはなく、特に関心を持っているごく一部の標本しかすばらしさを理解できなかった。これだけたくさんの展示標本を見て、その多くを楽しめるというのはいったいどんな人なのだろうか。最上階にはトピック的な展示があり、モーリシャスでのドードーの発掘の様子などを紹介していた。パネルやビデオは一部だけが英語で、大半はオランダ語だったが、それでも階下の標本よりは楽しめた。

博物館の標本展示がこれほど退屈なのは、どうしようもないことなのだろうか。そうでないことは美術館と比べてみればすぐにわかる。古いものが展示されているのは美術館の絵も博物館の化石も変わりがない。美術館の絵には数十年どころか数百年も前に描かれたものがあるし、博物館の化石だって一世紀以上前に発掘されたものもあるだろう。何の解説もなしに見るだけでも楽しめるという点では絵の方が化石よりもずっと有利に違いないが、作者がその絵を描いた意図とか、絵の時代背景とかは見るだけではわからない。けれども、今ではちょっとした美術館ならたいていヘッドフォンが用意されていて、主立った絵の前に立ってボタンを押せば二分程度で要領よく解説してくれるから、ぼくのような素人にも実によくわかる。博物館こそ、これが必要なのではないだろうか。そうすれば、その化石がなぜ貴重なのかとか発掘されたいきさつとか、ただ見るだけではわからないいろいろなことが聞けてきっと楽しめるに違いない。ｉＰａｄのようなモニタ付きの装置にして、化石の前でボタンを押すと復元図が画面に表れるようになっていれば、さらにすばらしい。あれだけの立派な建物を造る何分の一かの予算と、入館者を楽しませようという気持ちがあれば、実現がそんなに難しいこととは思えない。最新の知識にもとづいて一般向けの解説を作ることこそ博物館の使命のひとつに違いないだろう。

（二〇〇九年一二月）

あとがき

本書は、雑誌『科学』（岩波書店）に二〇〇五年六月号から二〇一三年一〇月号まで「星砂Times」のタイトル名で隔月に計五一回連載されたエッセイのうち約半数の二三編を選び、さらに二〇一三年七月の同誌「特集　沖縄の自然」と二〇一四年七月の「特集　愛と性の科学」に掲載されたエッセイを加えたものである。「星砂Times」はさまざまな動物の行動を進化生物学あるいは行動生態学の視点からどう理解できるのかについて述べた回と、学会や研究会で直接聞いた興味深い発表を紹介した回とが、ほぼ半分ずつで構成されていたが、本書では自分の考えを述べた回を中心に選んだ。また、博物館や水族館のあり方を考察した回も収録した。職員の方々が展示物や動物の維持に力を尽くされていることは理解しているのだが、来館者を楽しませるための専門職をなぜもっと雇用しないのだろうかと、いつも残念に思っている。

連載の依頼を受けたのは、仙台の大学から東京に移ってきて間もない頃で、これから先の研究の方向を見直すにもちょうどいい機会だと思ってお引き受けしたけれど、こんなに長く続けられるとは思ってもいなかった。あれから一〇年近くを経て、一生の間に自然に性を変えるサンゴ礁の魚から、雌でもあり雄でもあるウミウシへと研究対象は移ったが、生物の性のあり方や子孫の残し方（繁殖の仕方）に興味がある点ではまったく変わっていない。私たち人間からより遠い動物になればなるほど、人間の常識からはかけ離れたおどろおどろしく思えるような行動をとることがあるが、それを知ることの驚きもまた「嬉しく、楽しい」ものと受け止められる。ただ、「潮の香りが感じられるような、リラックスして読めるエッセイを」との最初のご要望には沿えていないであろうことは申し訳ない。また、「登場する動物の姿がわかるようなイラストもできれば入れていただきたい」とも言われていたのだが、自分ではヘタウマどころか下手下手な絵しか描けないので、それは家族に頼むことにした。勝手な注文に応じて、毎回描いてくれた淑美とＲｉｋにはたいへん感謝している。

連載中にずっとお世話になり、いつも励ましていただいた岩波書店編集部の田中太郎さん、連載のお誘い、そして単行本化のお誘いをいただいた吉田宇一さんにも心からお礼を申し上げたい。「書き下ろし」というお約束こそ果たせなかったものの、二〇年ごしの企画である科学ライブラリーの一冊を上梓できたことは本当に嬉しく思っている。

二〇一五年六月

中嶋康裕

中嶋康裕

1953年大阪市生まれ．大阪教育大学附属高校天王寺校舎，京都大学理学部卒業，同大学院理学研究科修士，博士課程（動物学専攻）修了．京都大学理学博士．故日高敏隆氏に師事し，瀬戸臨海実験所で大学院時代を送る．宮城大学看護学部助教授，事業構想学部教授などを経て，現在，日本大学経済学部教授．専門は動物行動学，進化生態学．

共著書に『魚類の繁殖戦略 1，2』『虫たちがいて、ぼくがいた』（共編著，海游舎），『魚類の性転換』（東海大学出版会）など，共訳書に『動物生理学』（東京大学出版会），『盲目の時計職人』（早川書房），『生物の社会進化』（産業図書）など．

岩波 科学ライブラリー 240

うれし、たのし、ウミウシ。

2015年7月15日 第1刷発行

著 者 中嶋康裕《なかしまやすひろ》

発行者 岡本 厚

発行所 株式会社 岩波書店

〒101-8002 東京都千代田区一ツ橋 2-5-5

電話案内 03-5210-4000

http://www.iwanami.co.jp/

印刷・理想社 カバー・半七印刷 製本・中永製本

ISBN 978-4-00-029640-3 Printed in Japan

●岩波科学ライブラリー〈既刊書〉

235
山内一也
エボラ出血熱とエマージングウイルス
本体一二〇〇円

過去に例を見ない大流行となったエボラ出血熱。ウイルスハンターや医師たちの苦闘の歴史を振り返りつつ、なぜ致死率90％と高いのか、治療や予防法はあるか、日本は大丈夫か、などエボラ出血熱の現在を紹介する。

236
牧野淳一郎
被曝評価と科学的方法
本体一三〇〇円

原発事故後、発表されるデータの解釈が被害を過小に見せる方向にゆがんできた。公式発表を鵜呑みにするのではなく、自ら計算する科学的方法を読者に示し、適切な被曝被害評価がどのようなものになるのか明らかにする。

237
藤田祐樹
ハトはなぜ首を振って歩くのか
本体一二〇〇円

いったい、あの動きは何なのか。なぜ一歩に一回で、なぜ、カモは振らないのか……？　古くて新しいこの謎に本気で迫る、世界初の首振り本。同じ二足歩行の恐竜やヒトまで登場させて、生きものたちの動きの妙を心ゆくまで味わう。

238
廣瀬　敬
できたての地球
生命誕生の条件
本体一二〇〇円

地球の水はどこから来たのか。水も炭素もなかった生まれてまもない地球に、有機生命体が誕生し進化したのはなぜか。かたや現在の地球内部には海の何十倍もの水が隠れている？　こうした疑問に答える「初期地球」の研究が熱い！

239
study2007
見捨てられた初期被曝
本体一三〇〇円

原発事故後、被曝防護体制は機能せず、なし崩しに基準値は変えられていた。身体除染は十分になされず、健康の問題は「心の問題」にすり替えられた。事故の受容を迫る再稼働の前に、私たちが知っておくべき現実と教訓とは。

定価は表示価格に消費税が加算されます。二〇一五年七月現在